U0560131

临安野生动物资源调查与研究

Investigation and Research on
Wild Vertebrate Resources in Lin'an

主编　陶国英　刘宝权　朱永军

ZHEJIANG UNIVERSITY PRESS
浙江大学出版社
·杭州·

图书在版编目（CIP）数据

临安野生动物资源调查与研究 / 陶国英，刘宝权，
朱永军主编. -- 杭州 : 浙江大学出版社，2025. 1.
ISBN 978-7-308-25819-7

Ⅰ. Q958.525.54

中国国家版本馆 CIP 数据核字第 20250R808H 号

临安野生动物资源调查与研究

陶国英 刘宝权 朱永军 主编

责任编辑	季 峥（really@zju.edu.cn）	
责任校对	蔡晓欢	
封面设计	刘宝权	
出版发行	浙江大学出版社	
	（杭州天目山路 148 号　邮政编码 310007）	
	（网址：http://www.zjupress.com）	
排　　版	杭州晨特广告有限公司	
印　　刷	杭州宏雅印刷有限公司	
开　　本	889mm×1194mm 1/16	
印　　张	13.5	
字　　数	301 千	
版 印 次	2025 年 1 月第 1 版 2025 年 1 月第 1 次印刷	
书　　号	ISBN 978-7-308-25819-7	
定　　价	268.00 元	

版权所有 侵权必究　印装差错 负责调换

浙江大学出版社市场运营中心联系方式：0571-88925591；http://zjdxcbs.tmall.com

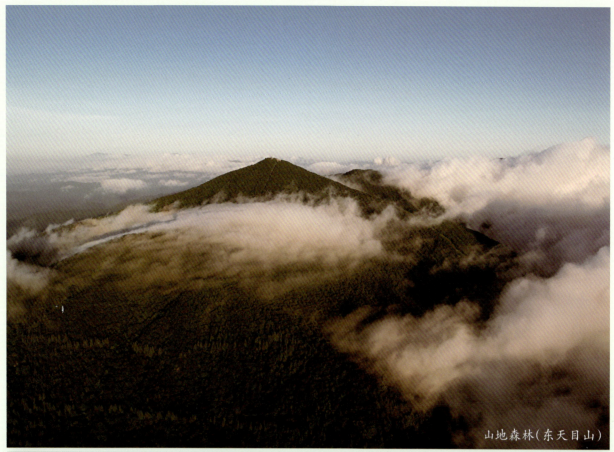

山地森林（东天目山）

河流湿地

山地溪流

库塘湿地（青山湖）

山间谷地

华东林猬 *Mesechinus orientalis*

安徽麝鼩 *Crocidura anhuiensis*

中华菊头蝠 *Rhinolophus sinicus*

亚洲长翼蝠 *Miniopterus fuliginosus*

猕猴 *Macaca mulatta*

藏酋猴 *Macaca thibetana*

华南兔 *Lepus sinensis*

赤腹松鼠 *Callosciurus erythraeus*

亚洲狗獾 *Meles leucurus*

鼬獾 *Melogale moschata*

猪獾 *Arctonyx collaris*

花面狸 *Paguma larvata*

豹猫 *Prionailurus bengalensis*

野猪 *Sus scrofa*

毛冠鹿 *Elaphodus cephalophus*

黑麂 *Muntiacus crinifrons*

小麂 *Muntiacus reevesi*

华南梅花鹿 *Cervus pseudaxis*

豆雁 *Anser fabalis*

白额雁 *Anser albifrons*

鸳鸯 *Aix galericulata*

中华秋沙鸭 *Mergus squamatus*

珠颈斑鸠 *Streptopelia chinensis*

四声杜鹃 *Cuculus micropterus*

白胸苦恶鸟 *Amaurornis phoenicurus*

金眶鸻 *Charadrius dubius*

白腰草鹬 *Tringa ochropus*

白额燕鸥 *Sternula albifrons*

白琵鹭 *Platalea leucorodia*

苍鹭 *Ardea cinerea*

白鹭 Egretta garzetta

池鹭 Ardeola bacchus

夜鹭 Nycticorax nycticorax

普通鵟 Buteo japonicus

斑头鸺鹠 Glaucidium cuculoides

普通翠鸟 Alcedo atthis

斑鱼狗 *Ceryle rudis*　　　　　　大拟啄木鸟 *Psilopogon virens*

暗灰鹃鵙 *Lalage melaschistos*　　　　灰喉山椒鸟 *Pericrocotus solaris*

发冠卷尾 *Dicrurus hottentottus*　　　　虎纹伯劳 *Lanius tigrinus*

灰树鹊 *Dendrocitta formosae*

喜鹊 *Pica pica*

家燕 *Hirundo rustica*

黑短脚鹎 *Hypsipetes leucocephalus*

棕脸鹟莺 *Abroscopus albogularis*

红头长尾山雀 *Aegithalos concinnus*

画眉 Garrulax canorus

虎斑地鸫 Zoothera aurea

红尾水鸲 Rhyacornis fuliginosa

白腹蓝鹟 Cyanoptila cyanomelana

戴菊 Regulus regulus

白鹡鸰 Motacilla alba

多疣壁虎 *Gekko japonicus*

铜蜓蜥 *Sphenomorphus indicus*

古氏草蜥 *Takydromus kuehnei*

股鳞蜓蜥 *Sphenomorphus incognitus*

平鳞钝头蛇 *Pareas boulengeri*

福建竹叶青蛇 *Viridovipera stejnegeri*

银环蛇 *Bungarus multicinctus*

绞花林蛇 *Boiga kraepelini*

翠青蛇 *Cyclophiops major*

紫灰锦蛇 *Oreocryptophis porphyraceus*

王锦蛇 *Elaphe carinata*

赤链华游蛇 *Trimerodytes annularis*

安吉小鲵 *Hynobius amjiensis*

中华蟾蜍 *Bufo gargarizans*

中国雨蛙 *Hyla chinensis*

武夷湍蛙 *Amolops wuyiensis*

小竹叶蛙 *Odorrana exiliversabilis*

大绿臭蛙 *Odorrana graminea*

凹耳臭蛙 *Odorrana tormota*　　　　　　　泽陆蛙 *Fejervarya multistriata*

小棘蛙 *Quasipaa exilispinosa*　　　　　　　棘胸蛙 *Quasipaa spinosa*

布氏泛树蛙 *Polypedates braueri*　　　　　　大树蛙 *Zhangixalus dennysi*

鱼类

虹彩马口鱼 *Opsariichthys iridescens*

尖头鱥 *Rhynchocypris oxycephalus*

似鳊 *Toxabramis swinhonis*

红鳍鲌 *Culter alburnus*

圆尾薄鳅 *Leptobotia rotundilobus*

台湾白甲鱼 *Onychostoma barbatulum*

斑鳜 *Siniperca scherzeri*

无斑吻虾虎鱼 *Rhinogobius immaculatus*

武义吻虾虎鱼 *Rhinogobius wuyiensis*

原缨口鳅 *Vanmanenia stenosoma*

鳗尾鮠 *Liobagrus anguillicauda*

中华刺鳅 *Sinobdella sinensis*

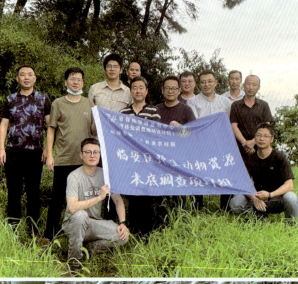

《临安野生动物资源调查与研究》

编辑委员会

主　编：陶国英　刘宝权　朱永军

副主编：张芬耀　厉　亮　温超然　徐卫南　周佳俊

编　委（按姓氏笔画排序）：

王卫国　王聿凡　王剑武　左泽沛　厉　亮　付文燕

吕骁泓　朱亦凡　朱振贤　刘凯诏　刘宝权　汤　腾

汤轶泽　许济南　李　珍　李增鑫　杨淑贞　肖鸿丹

吴丞昊　吴继来　库伟鹏　汪天娜　汪锦辉　张芬耀

张培林　陈　锋　陈炎根　陈康民　罗　琼　罗海燕

金　伟　周　晓　周元中　周佳俊　郑永明　俞　遴

钱宇汀　徐　科　徐卫南　郭　瑞　唐炜国　黄　莎

梅爱君　斯煌凯　程育民　程爱林　童志鹏　温超然

摄　影：徐卫南　温超然　周佳俊　王聿凡　刘宝权　汤　腾

徐　科

主编单位：杭州市临安区农业农村局

浙江省森林资源监测中心

杭州知森林业调查规划设计有限公司

前　言

　　野生动物资源是人类社会赖以生存和发展的基础，具有不可估量的价值，惠及人类福祉和可持续发展的各个方面，包括生态、遗传、社会、经济、科学、教育、文化、娱乐和美学等。在地球环境污染问题日益严峻的今天，野生动物保护越来越受到人们关注。一方面，物种的消失和灭绝会给生态系统带来不良后果，会打破生物群落的平衡，进而直接影响人类生存。根据物种生存法则，1 个物种的灭绝和消亡将会给 20 多个相关物种带来生存威胁。另一方面，禽流感病毒、新型冠状病毒等的肆虐迫使人类重新审视野生动物保护政策和措施，反思人类与自然的关系。因此，真正实现人与自然和谐共生，做到科学保护野生动物，已成为当今社会迫在眉睫的任务。

　　开展野生动物资源调查是《中华人民共和国野生动物保护法》和《中华人民共和国陆生野生动物保护实施条例》的法定义务，是各级人民政府依法制定野生动物资源保护对策和开展可持续性科学利用的基础、评价野生动物保护成效的重要依据。随着生态文明建设的深入推进，各级人民政府越来越重视野生动物资源依法依规的保护与管理。由于各类与生物多样性相关规划的编制、生态环境保护成效的评价等都离不开野生动物资源本底数据，因此，通过县级野生动物资源本底调查获取野生动物资源底数、多样性特点、栖息地状况、多年变化规律等，成为生物多样性保护工作的迫切需求，对推动生态文明建设、全面推进人与自然和谐共生具有重要作用。

　　临安区地处浙江省西北部天目山系南麓，山川河流纵横交错，风景秀丽，风光旖旎，全区森林覆盖率高达 81.93%，属亚热带季风气候，温暖湿润。区内有两大国家级自然保护区（天目山国家级自然保护区、清凉峰国家级自然保护区），自然资源丰富，动植物生物多样性极高。临安区农业农村局联合浙江省森林资源监测中心，历经 3 年时间，通过大量的野外调查，基本摸清了临安区野生动物的种类、数量、分布和栖息地状况，圆满完成了既定任务，取得了可喜的成果。本次调查共记录临安区原生野生脊椎动物 659 种，隶属 39 目 145 科，其中鱼类 8 目 20 科 104 种，两栖类 2 目 9 科 35 种，爬行类 2 目 18 科 58 种，鸟类 19 目 74 科 386 种，兽类 8 目 24 科 76 种。临安区野生动物调查的突出成绩之一是新物种、分布新记录物种的增加，共计 50 种。其中，新物种 2 种（华东林鸮、虹彩马口鱼），分布新记录物种 45 种（浙江省分布新记录物种 6 种，杭州市分布新记录物种 9 种，临安区分布新记录物种 33 种）。同时，项目组在野外调查的基础上综合历史文献资料，参考最新的科研成果，并进行大量的考证、勘误、厘定工作，形成临安区最新的生物多样性编目。

本次临安区野生动物资源调查为生物多样性长期监测工作奠定了坚实的基础，有助于相关部门深入了解临安区各类野生动物资源状况，从而更准确地评估临安区野生动物资源的现状，制定更加科学、合理的保护和管理措施。此外，本次调查有助于提升临安区野生动物资源的保护和监测水平。通过对野生动物栖息地的监测和评估，可以及时发现潜在的环境威胁和破坏行为，并采取有效措施加以制止和修复。调查结果还能为临安区生态效益和社会效益的评价提供重要参考，有助于推动生态保护和可持续发展的有机结合。更重要的是，临安区的本次野生动物资源调查作为示范试点，为浙江省县级生物多样性保护工作提供了可借鉴的模板，不仅有助于推动浙江省生物多样性保护工作，而且为全国范围内的生态文明建设工作提供了独特的智慧。

本书是临安区野生动物资源调查与研究的成果总结，结合各个动物门类的专题报告，综合有关历史文献资料所做的系统性研究与分析。由于临安区野生动物资源调查具有开创性的特点，一些调查方法和数据处理技术尚在探索之中，许多工作有待进一步完善，书中难免有疏忽之处，恳请各位读者批评指正。

编者

2024 年 5 月

目 录

第 1 章　临安区基本情况

1.1 自然地理

1.1.1 地理位置

临安区地处浙江省杭州市西北部天目山区，东经 118°51′~119°52′、北纬 29°56′~30°23′，东邻杭州市余杭区，南连杭州市富阳区、桐庐县和淳安县，西接安徽省绩溪县、歙县，北连湖州市安吉县及安徽省绩溪县、宁国市。区域东西长约 100km，南北宽约 50km，面积 3126.72km²。中心城区锦城（指临安区治所在位置）东距杭州市 46km，西距黄山市 128km，处在杭州至黄山的黄金旅游线上，杭徽高速公路贯穿全境，交通便捷。临安区是浙江省内紧靠上海、南京、无锡、苏州等大中城市的重点生态屏障，也是太湖流域和钱塘江水系的源头。

1.1.2 地质

临安区属江南地层区中江山至临安地层分区。境内地层自元古界震旦系至新生界第四系，除中生界三叠系和新生界第三系缺失外，均有发育；区域构造属扬子准地台钱塘台褶皱带。在漫长的地质年代中，在印支运动和燕山运动的作用下，境内地形地貌具有多样性和奇特性。

临安区在地质史上大致经过海侵、沉积、隆起、褶皱断裂等演化过程。前震旦纪，处于地槽发展阶段；震旦纪末，成为钱塘海湾的边缘海湾，境内一片汪洋；志留纪末，随着加里东运动，地层发生差异性隆起，出现高低不平的台地，海水渐退；三叠纪末期，印支造山运动使巨厚的沉积岩发生褶皱，从而形成了临安地质基本构造，成为浙西大复向斜的一部分；白垩纪前后，燕山运动使地层发生断陷和火山喷发，增加了地质构造的复杂性。

1.1.3 地形地貌

临安区呈东西狭长形，境内地势自西北向东南倾斜。临安区北、西、南三面环山，形成一个东南向的马蹄形屏障。西北山岭起伏绵延，多崇山峻岭、深沟幽谷；向东南逐渐平缓，为丘陵宽谷，地势平坦。全境地貌以中低山丘陵为主。西北、西南部山区平均海拔在 1000m 以上，东部河

1

谷平原海拔在 50m 以下；西部清凉峰最高海拔为 1787m，东部石泉最低海拔仅 9m，东西海拔最大相差 1778m，在浙江省罕见。境内低山丘陵与河谷盆地相间排列，交错分布，大致可分为中山—深谷、低山丘陵—宽谷和河谷平原三种地貌形态。中山（海拔 1000m 以上）面积占 5.4%，主要分布在昌北西部、昌化西南部及太湖源镇的临目北缘，相对高差可达 400m 以上，山体坡度大多为 35°以上；中低山（海拔 800～1000m）面积占 8.8%，低山（海拔 500～800m）面积占 18.3%，主要分布在临安西部、北部及中山边缘，山体坡度一般为 25°～35°；丘陵岗地（海拔 100～500m）面积占 57.4%，广布全区，无明显脉络和走向；河谷平原（海拔 100m 以下）面积占 10.4%，主要分布在临安东部城区一带及昌化、於潜周围。境内山地和丘陵面积占比高达九成，其地形地貌也因此被称为"九山半水半分田"。

临安区境内山脉主要分为北、南两支：北支为天目山脉，南支为昱岭山脉。天目山脉为浙江省主干山脉仙霞岭北支，由江西怀玉山经安徽黄山逶迤入境，横亘境内西北部，总体走向从西北向东南，西起浙皖边界的清凉峰，东至临安与余杭交界的窑头山。其主脉自清凉峰向东北逶迤，经道场坪向东北后地势下降，至老虎坪地势回升。西天目山和东天目山双峰北部与安吉交界，山势向东趋低，自与余杭区交界的径山起，山势渐成尾闾。昱岭山脉在境内西南部。自清凉峰始，沿浙皖边界向南延伸，经石耳尖，过昱岭至搁船尖后向东，自大明山后山势稍降，散布为海拔 1000m 以下山峰，后至洪岭、马山一带，从西向东呈带状隆起，绵延约 4km 长后，山势变缓，为海拔 500m 左右的丘陵。

1.1.4 气候

临安区地处浙江省西北部、中亚热带季风气候区南缘，属季风型气候，温暖湿润，光照充足，雨量充沛，四季分明。冬、春季多雨，气候大多冷湿；但盛夏酷暑难当，为全国炎热中心之一。年均降水量约 1613.9mm，年均降水日约 158d，降水大多发生在 4—10 月，年均无霜期约 237d，年均日照约 1774.2h，年太阳辐射量 86～110kcal/cm^2。灾害性天气影响较大，主要有春播期低温阴雨、倒春寒和晚霜冻，初夏梅汛期暴雨洪涝，盛夏干旱、台风和暴雨，秋季低温冷害，冬季寒潮、冰冻和大雪等。境内气候垂直差异明显。在海拔不足 50m 的锦城，年平均气温约 16℃；而在海拔 1506m 的天目山仙人顶，无人自动气象站的数据显示，该处年平均气温约 9℃。临安区年温差高达 7℃，相当于横跨亚热带和温带两个气候带。

1.1.5 水文特征

临安区由于主要为山地、丘陵地形，因而形成了纵横交错的溪流沟涧，主要有苕溪和分水江。其中，苕溪主源为南苕溪，主要支流为中苕溪；分水江主源为昌化溪，主要支流为天目溪。

南苕溪，位于临安东部，发源于太湖源镇马尖岗，流经青山湖街道出境。全长 63km，流域面积 720km^2，天然落差 305m，比降 12.3‰；境内段长 55km，流域面积 620.8km^2。平均流速

$4.82m^3/s$。

中苕溪，位于临安东北部，发源于高虹镇石门与安吉县交界的青草湾岗，经青山湖街道出境。全长 47.8km，流域面积 $185.6km^3$，天然落差 680m，比降 17.9‰；境内段长 31.5km。平均流速 $1.49m^3/s$。

昌化溪，位于临安西北部，发源于安徽省绩溪县笔架山，于新桥乡西舍坞入境，于潜川纳天目溪入分水江出境。全长 106.9km，流域面积 $1440.2km^2$，天然落差 920m，比降 8.6‰；境内段长 93km，流域面积 $1376.7km^2$。平均流量 $23.42m^3/s$。

天目溪，纵贯临安中部，发源于西天目山北与安吉县交界的桐坑岗，于潜川汇昌化溪入分水江出境。全长 58km，流域面积 $761.5km^2$，天然落差 1010m，比降 21.8‰。平均流量 $11.48m^3/s$。

主要溪流均发源于海拔 1000m 以上山脉。上游段多峡谷，坡陡谷深流急，在洪水期水位易暴涨暴落，具备明显的山溪河流特征；中下游段处低山丘陵，地势较平坦，多河谷平原。

临安境内有众多湖泊水库。其中，大型水库 1 座，为青山湖水库；中型水库 5 座；小型水库超过 100 座。整体蓄水量超过 5 亿 m^3。

1.1.6 土壤

临安区土壤总面积约为 $2974km^2$，可分为红壤土、黄壤土、岩性土、山地草甸土、潮土、水稻土等六大类。其中，红壤土分布面积最大，达 $1752km^2$，占临安区土壤总面积的 58.94%，一般分布在临安区的低丘平岗；黄壤土占 20.23%，主要分布在临安区西北部海拔 650m 以上的中低山地；岩性土占 10.97%，主要由石灰岩、泥质灰岩等风化发育而成，分布在临安区西南部和东南部等岩石山区；水稻土占 9.64%，广泛分布于临安区丘陵岗背、低山缓坡、山垄及河谷；潮土面积仅 $2.67km^2$，主要分布在昌化溪、天目溪、苕溪等中下游河谷平原区；山地草甸土最少，面积仅 $0.67km^2$，主要分布在千亩田、道场坪等中山夷平面上。

1.2 自然资源

1.2.1 植被

临安风景秀丽、风光旖旎。全区森林覆盖率高达 81.93%，部分区域甚至在 95% 以上；林业用地面积 399.89 万亩（1 亩 $\approx 667m^2$）；活立木蓄积量达 $1.33×10^7m^3$。临安区在植被区系上属亚热带常绿阔叶林东部亚区，植被类型和植物区系复杂。临安区植被可分为针叶林植被、阔叶林植被、灌丛植被、草丛植被、沼泽及水生植被、园林植被等六大植被类型和 40 个植被群系。

针叶林植被型组主要由黄山松、柳杉、马尾松、杉木、柏木、金钱松、粗榧、三尖杉等纯林或混交林群系组成。

阔叶林植被型组主要包括常绿阔叶林植被型、常绿阔叶矮林植被型、落叶林植被型、针阔混交林植被型等，代表树种有青冈、木荷、苦槠、甜槠、紫楠、红楠、天目杜鹃、白栎、化香、青钱柳、枫香、天目木姜子、栓皮栎、椴树、黄山栎、茅栗、四照花、豹皮樟、香槐、毛竹、香果树、蓝果树。

灌丛植被型组包括落叶阔叶灌丛植被型、常绿落叶阔叶灌丛植被型，主要代表种有白栎、茅栗、拔契、马银花、野鸦椿、黄茅、牡荆、山楂、箬竹、水竹、石竹、玉山竹等。

草丛植被型组则以白茅、野古草、黄背草等为主。

沼泽及水生植被型组以水藓、鸢尾、芦苇等为主。

园林植被型组包括以柑橘、桃、李、梅等为主的果林植被型；以毛竹、雷竹为主的竹林植被型；杉木、马尾松、黄山松、麻栎、柏木等用材林植被型；油茶、板栗等经济林植被型；茶园植被型和桑园植被型。

此外，临安的植被在垂直分布上也具有明显的层次性。海拔 250m 以下低丘坡地以人工植被为主，主要为由茶、桑、果树、竹、杉木、马尾松等树种组成的经济林或纯林和混交林；海拔 250～800m 低山、丘陵多为天然次生植被或人工植被，主要为由青冈、苦槠、木荷、麻栎、润楠类、栲类、杉木、马尾松、毛竹等树种组成的常绿阔叶林、针叶林、针阔混交林；海拔 800～1200m 的低山多为天然次生植被，主要为由山松、柳杉、槭属、椴属、桦木属和茅栗等树种组成的纯林或混交林；海拔 1200m 以上多为山顶矮林灌木丛和山地草甸。

1.2.2 野生植物

1. 植物种类

临安区有 2 个国家级自然保护区，即天目山国家级自然保护区和清凉峰国家级自然保护区。保护区植被类型多样，植物种类繁多，被称为"天然植物园"，并且为多种植物的模式标本产地。目前，天目山国家级自然保护区有高等植物 2351 种（含种下等级，下同）。其中，苔藓植物 59 科 143 属 285 种，蕨类植物 35 科 72 属 184 种，种子植物 155 科 827 属 1882 种；模式标本产地植物 92 种，以"天目"命名的植物 37 种，药用植物 1450 多种，古树名木 5511 株，中国特有属 21 个，天目山特有植物 17 种。清凉峰国家级自然保护区内共有高等植物 2452 种（除栽培植物外，共有野生高等植物 2271 种），包括苔藓 337 种，蕨类植物 175 种，种子植物 171 科 842 属 1939 种。

2. 重点保护野生植物

临安区有国家重点保护野生植物 36 科 53 属 64 种（含种下等级，下同）。按保护级别分，国家一级重点保护野生植物有 6 种，国家二级重点保护野生植物有 58 种；按类群分，苔藓植物有 2 种，石松类和蕨类植物有 6 种，裸子植物有 6 种，被子植物有 50 种（双子叶植物 31 种，单子叶植物 19 种）。

1.2.3 野生动物

1. 动物种类

临安区自然环境优异，生境复杂多样，是野生动物的理想栖息地，因此野生动物种类繁多。以青山湖为代表的沼泽湿地，以及以天目山国家级自然保护区、清凉峰国家级自然保护区为代表的高山、森林、灌丛、草地，为野生动物提供了丰富多样的栖息环境；相对完好的原始森林环境也为野生动物提供了避免人类干扰的天然庇护所。之前，浙江大学等高校及科研单位对保护区内的动物物种组成进行了数次调查，并发表或出版了相关的论文、报告、书籍等。

本次对临安区内野生脊椎动物资源展开了更全面的调查，并结合先前的调查记录，统计出临安区野生脊椎动物共有 659 种，隶属 39 目 145 科。其中，鱼类有 8 目 20 科 104 种，两栖类有 2 目 9 科 35 种，爬行类有 2 目 18 科 58 种，鸟类有 19 目 74 科 386 种，兽类有 8 目 24 科 76 种。

2. 重点保护野生动物

根据最新版《国家重点保护野生动物名录》（2021），临安区的野生脊椎动物资源中，国家一级重点保护野生动物共有 25 种。其中，兽类有 9 种，包括中华穿山甲、华南梅花鹿、黑麂等；鸟类有 15 种，包括白颈长尾雉、青头潜鸭、中华秋沙鸭、白鹤、白枕鹤等；两栖类有 1 种，即安吉小鲵。

国家二级重点保护野生动物共有 89 种。其中，兽类有 11 种，包括猕猴、藏酋猴、黄喉貂、豹猫、毛冠鹿、中华鬣羚等；鸟类多达 71 种，包括勺鸡、白鹇、林雕、白腹隼雕、鹰雕、领角鸮、北领角鸮、蓝喉歌鸲等；爬行类有 4 种，包括平胸龟、乌龟、黄缘闭壳龟、脆蛇蜥；两栖类有 3 种，包括义乌小鲵、中国瘰螈和虎纹蛙。

1.2.4 生态旅游资源

临安区于 1997 年确立了发展生态旅游的战略。生态旅游的发展带领整个临安的旅游业步入成长之路，发展从慢到快，渐成规模，年接待游客量较原来的十几万人次有了大幅上升。

临安区拥有众多的山岳和峡谷、茂密的森林、丰富的植被和野生动物资源等自然景观资源，拥有发展生态旅游的优良自然条件。《中国旅游资源普查规范（试行稿）》划分的 74 种旅游资源基本类型中，临安就有 68 种。2019 年，临安境内的森林覆盖率达到 81.93%。近年来，临安相继获得中国竹子之乡、中国山核桃之乡、国家级生态示范区建设试点市和中国优秀旅游城市、国家卫生城市、国家森林城市等荣誉。境内有天目山国家级自然保护区、清凉峰国家级自然保护区两个国家级自然保护区，此外还有青山湖国家森林公园、大明山省级风景名胜区等。

截至 2020 年，全区有旅游景区（点）35 个。其中，AAAA 级景区 4 个，分别为浙西大峡谷景区、大明山景区、天目山景区、太湖源景区；AAA 级景区 10 个。

浙西大峡谷景区，位于浙皖接壤的清凉峰国家级自然保护区内，因地处浙江西北部而得名。峡谷山高水急，山为黄山延伸的余脉，水为钱塘江水系的源流。峡谷旅游区为线型环带状，全长 80km，共分 3 个景段。

大明山景区，位于清凉峰镇，为国家 AAAA 级风景旅游区、省级风景名胜区。大明山林木覆盖率高，名贵树种较多，有黄山松、云锦杜鹃及国家二级重点保护野生植物夏蜡梅。大明山距杭州市区 116km，紧靠杭昱一级公路。最高峰大明顶海拔 1489.9m，拥有 32 座奇峰、13 条幽涧、8 条飞瀑、3 个千亩以上的高山草甸。

天目山景区，位于天目山镇，是中国著名的自然保护区，也是浙江省唯一加入联合国教科文组织"人与生物圈计划"的自然保护区。天目山雄踞黄山与东海之间。东、西两峰遥相对峙。东峰大仙顶海拔 1480m，西峰仙人顶海拔 1506m。天目山为江南宗教名山，东汉道教大宗张道陵在此修道，史称三十四洞天。

太湖源景区，位于天目山南麓，因太湖的主源头坐落于此，故而得名。主要景点有龙须壁、云碧潭、思源廊、千仞崖、神风谷、双龙潭、古佛院、百丈漈、仙人台、祭源坛等。其因生态原始性与九寨沟相似，故被誉为小九寨沟。

青山湖国家森林公园，位于青山街道，被誉为临安第一景。临安新十景之一的青山湖为大型人工湖，面积 64.5km^2，水域面积 10km^2。积天目之水形成的青山湖像一块碧玉镶在群山苍翠之中，北湖更有国内罕见的水上森林。树在水中长，船在林中游，鸟在枝上鸣，人在画中行，正是游览青山湖的乐趣。

白水涧景区，位于临安区北部，是离沪、宁、苏、锡、杭等城市最近的生态旅游区。景区内植被丰茂，拥有 98%的森林覆盖率，景色秀美，气候宜人，素有"北天目"之称。窑头山主峰壁立千仞，海拔 1095m。联合国在华东地区的一所大气本底监测站就设在此。景区内飞瀑深潭，星罗棋布；十里竹海，风姿绰约。其涧之幽、水之清、竹之翠、石之奇，如梦似幻。龙潭双叠、泓竹飞瀑、仙谷瑶池、白水仙桥，步移景换。

1.3 社会经济

1.3.1 行政区划与人口

临安区目前辖 5 个街道，即锦城街道、锦北街道、玲珑街道、青山湖街道、锦南街道，区政府位于锦城街道；13 个镇，包括板桥镇、高虹镇、太湖源镇、於潜镇、天目山镇、太阳镇、潜川镇、昌化镇、龙岗镇、河桥镇、湍口镇、清凉峰镇、岛石镇。《2022 年杭州市临安区国民经济和社会发展统计公报》显示，2022 年末，临安区户籍人口 54.3 万人，其中男性 26.9 万人，女性 27.4 万人，男女性别比为 98.2（以女性为 100）；常住人口 64.8 万人。

锦城街道区域面积 61.6km²，辖 4 个行政村、9 个股份经济合作社、5 个社区。2022 年末，街道户籍数 34079 户，其中农业户籍数 3209 户；户籍人口 88897 人，其中农业户籍人口 9757 人；外来人口 40703 人。

锦北街道总面积 81.5km²，辖 5 个行政村、10 个股份经济合作社、9 个社区、81 个村民小组、213 个居民小组。2022 年末，街道户籍数 14402 户，其中农业户籍数 2549 户；户籍人口 48584 人，其中农业户籍人口 7834 人；外来人口 24780 人。

玲珑街道总面积 113.7km²，辖 14 个行政村、220 个村民小组、2 个社区。2022 年末，街道常住人口 46393 人，其中户籍人口 26096 人，外来人口 20297 人。

青山湖街道区域面积 135.6km²，辖 14 个行政村、7 个社区。2022 年末，街道常住人口 88090 人，其中户籍人口 42332 人，外来人口 45758 人。

锦南街道总面积 44.0km²，辖 7 个行政村、3 个社区。2022 年末，街道户籍数 4440 户，户籍人口 13566 人，外来人口 9792 人。

板桥镇总面积 139.3km²，辖 15 个行政村、2 个居民组、218 个村民小组。2022 年末，全镇户籍数 8230 户；户籍人口 25084 人，其中农业户籍人口 25315 人。

高虹镇总面积 113.3km²，辖 9 个行政村。2022 年末，全镇户籍数 4766 户，户籍人口 14237 人，常住人口 23152 人。

太湖源镇总面积 240.4km²，辖 20 个行政村、4 个居民组、305 个村民小组。2022 年末，全镇总户数 11132 户；户籍人口 31296 人，其中农业户籍人口 21225 人；外来人口 1967 人。

於潜镇总面积 262.5km²，辖行政村 30 个、居民组 1 个、村民小组 626 个。2022 年末，全镇户籍数 19917 户，其中农业户籍数 14656 户；户籍人口 54434 人，其中农业户籍人口 43754 人；外来人口 2795 人。

天目山镇总面积 241.8km²，辖 23 个行政村、408 个村民小组、2 个居民组。2022 年末，全镇常住人口 35413 人，其中，户籍数 11547 户，户籍人口 32927 人；外来人口 2486 人。

太阳镇总面积 204.9km²，辖 18 个行政村、2 个居民组、388 个村民小组。2022 年末，全镇户籍数 8831 户，户籍人口 26431 人。

潜川镇总面积 175.5km²，辖 16 个行政村。2022 年末，全镇总户数 8357 户；户籍人口 23916 人，其中农业户籍人口 23315 人。

昌化镇总面积 232.54km²，辖 14 个行政村、1 个居民组、183 个村民小组。2022 年末，全镇总户数 7353 户；常住人口 25833 人，其中户籍人口 21324 人，外来人口 4509 人。

龙岗镇总面积 261.4km²，辖行政村 24 个、村民小组 187 个。2022 年末，全镇户籍数 6776 户，户籍人口 20506 人。

河桥镇总面积 190.9km²，辖 11 个行政村、162 个村民小组。2022 年末，全镇户籍数 6710 户，其中农业户籍数 5018 户；户籍人口 17811 人，其中农业户籍人口 16872 人；外来人口 562 人。

湍口镇区域面积 206.5km²，辖行政村 13 个、村民小组 119 个。2022 年末，全镇户籍数 3962 户；户籍人口 12561 人，其中农业户籍人口 12265 人。

清凉峰镇总面积 306.7km²，下辖行政村 17 个、村民小组 314 个。2022 年末，全镇户籍数 9321 户，户籍人口 27811 人。

岛石镇总面积 139.1km²，辖 16 个行政村、264 个村民小组。2022 年末，全镇户籍数 8444 户，户籍人口 25371 人。

1.3.2 历史与文化

出土文物表明，早在旧石器时期，就有先人在临安这片土地上繁衍生息了。在临安境内出土的原始农业生产工具（如石斧、石刀）等，距今约 10 万年；新石器时期的石器残件、陶器残片和磨制工具等多有发现，距今约 1 万年；良渚文明时期的玉器在临安境内也有出土。

临安区全境系原临安、於潜、昌化三县合并而成。西汉前，三县无建制。春秋时，区境东南地域属越，西北地域属吴。周敬王二十六年（前 494 年），吴占越地，全境属吴。战国时，周元王三年（前 474 年），吴为越所灭，属越地；周显王三十五年（前 334 年），楚败越，属楚；秦王政二十五年（前 222 年），秦灭楚，境东南属会稽郡余杭地，西北属故鄣地。县治建制有 2100 余年。西汉武帝元封二年（前 109 年）设於潜县，东汉建安十六年（211 年）置临水县，西晋太康元年（280 年）改称临安，唐垂拱二年（686 年）置紫溪县，北宋太平兴国三年（978 年）改称昌化。宋建炎三年（1129 年），南宋朝廷感念吴越国国王钱镠之孙钱弘俶纳土归宋和钱镠对杭州的贡献，以其故里"临安"为府名升杭州为"临安府"。南宋绍兴八年（1138 年），定都于临安府（杭州）。临安县为其属县，即临安府（杭州）下属的临安县。临安区（县）名从西晋太康元年一直沿用。

南宋景定三年（1262 年），临安县迁县治于西墅保锦山下。自宋以后，临安、於潜、昌化县建制和名称基本稳定。临安县北宋属杭州，南宋属临安府，元属杭州路，明属杭州府，洪武元年（1368 年）迁东市太庙山右。

民国元年（1912 年）废府，临安县直属于浙江省。民国二十四年（1935 年），属浙江省吴兴行政督察区。民国三十七年（1948 年），改属第九行政督察区，专署驻临安县衣锦镇。1958 年，余杭县并入临安县，於潜县并入昌化县。1960 年，昌化县（含於潜）并入临安县。1961 年，原余杭县分出。1996 年 12 月 28 日，临安撤县设市。2017 年 9 月 15 日，临安撤市设区。

临安悠久的历史孕育了多彩的历史文化。从古至今，有众多文人墨客在临安这片土地上留下足迹，儒、释、道等多种文化在此交融发展。如临安有大禹、防风氏、秦始皇的遗迹；有吴越国国王钱镠墓葬，钱镠父母钱宽、水丘氏墓，康陵等吴越国王室陵墓；有郭璞、谢安、昭明太子、李白、白居易、苏轼、郁达夫、周恩来等名人留下的足迹和诗文；宋代文人洪咨夔、清代数学家方克猷、现代革命烈士来学照和爱民模范赵尔春、当代著名经济学家骆耕漠和高原赤子陈金水等地方杰出人物在这里出生。西汉初，佛教传入中国，印度僧人入天目山传教，天目山被尊称为韦驮菩萨道场，历代高僧辈出。天目山佛教对东南亚尤其是日本影响很大。西天目山有道教宗师张道陵的张公舍等遗迹。青山湖街道洞霄宫村的洞霄宫遗迹昔日为江南著名道观。

1.3.3 经济概况

临安区区位条件优越，基础设施完善，产业结构合理，社会经济发展水平较高，是杭州富有经济发展活力的地区之一。近年来，临安依靠区域优势，贯彻新时代发展的新标准与新要求，实现了经济社会持续快速协调发展，多产业齐头并进共同发展。

在经济总量上，2022 年全年地区生产总值 672.34 亿元，比上年增长 0.4%。其中第一产业增加值 46.99 亿元，第二产业增加值 341.11 亿元，第三产业增加值 284.24 亿元，分别增长 2.4%、4.2%和−3.8%。三次产业结构为 7.0∶50.7∶42.3。按常住人口计算，人均地区生产总值 104239 元。

在数字经济方面，2022 年全年数字经济核心产业增加值 84.31 亿元，增长 5.7%，占全年地区生产总值的 12.5%。其中，电子信息制造产业增加值 79.64 亿元，增长 5.8%。

在财政收支方面，2022 年全年财政总收入 131.99 亿元，下降 11.4%，扣除留抵退税因素后增长 3.0%；一般公共预算收入 83.99 亿元，下降 7.1%，扣除留抵退税因素后增长 4.6%。2022 年全年一般公共预算支出 106.18 亿元，增长 2.4%，其中用于民生支出 82.59 亿元，占一般公共预算支出的 77.8%。

在第一产业上，2022 年全年实现农林牧渔业总产值 67.22 亿元，增长 3.1%；农林牧渔业增加值 47.70 亿元，增长 2.5%。其中，农业种植业（含坚果类）产值 35.06 亿元，增长 2.2%；林业（不含坚果类）产值 20.40 亿元，增长 1.6%；牧业产值 7.61 亿元，增长 9.4%；渔业产值 2.18 亿元，增长 1.2%；农业服务业产值 1.98 亿元，增长 9.3%。2022 年全年第二产业规模工业总产值 1290.73 亿元，增长 3.8%。工业产品产销衔接良好，规模工业企业产销率 100.4%。规模工业新产品产值率 48.0%。规模工业增加值 251.93 亿元，增长 5.6%。高新技术产业增加值占规模工业增加值的 84.2%，比上年提高 2.8 个百分点。

参考文献

陈云蔚, 张霏燕, 黄哲. 临安极端高温气候特征及成因分析. 农民致富之友, 2014(12): 294-295, 292.

陈哲. 冬季旅游产品开发研究——以浙江临安为例. 旅游纵览（下半月）, 2015(4): 158-162.

丁平, 童彩亮, 翁东明. 浙江清凉峰生物多样性研究. 北京: 中国林业出版社, 2020.

国家林业和草原局, 农业农村部. 国家林业和草原局 农业农村部公告（2021 年第 3 号）（国家重点保护野生动物名录）[EB/OL].(2021-02-01)[2024-03-08]. https://www.forestry.gov.cn/lyj/1/gkgfxwj/20210201/546057.html.

国家旅游局资源开发司, 中国科学院地理研究所. 中国旅游资源普查规范（试行稿）. 北京：中国旅游出版社, 1992.

何艺玲. 临安市生态旅游发展及其评价. 北京: 中国林业科学研究院, 2003.

李明阳. 浙江临安市森林景观生态环境评价研究. 南京: 南京林业大学, 2006.

凌亦鹏. 临安年鉴. 郑州: 中州古籍出版社, 2022.

骆雨晴, 庞海燕, 钟宁, 等. 全域全类型国土空间用途管制的实践与建议——以浙江省杭州市临安区为例. 中国土地, 2023(9): 48-51.

孙燕飞. 公益林生态效益估算. 杭州: 浙江农林大学, 2018.

陶承, 赵阳, 韦英梅, 等. 临安区水土保持生态建设成效与经验. 中国水土保持, 2023(3): 57-59.

王国新, 杨晓娜, 苏飞. 临安市山地气候旅游资源时空分布特征. 浙江农林大学学报, 2015, 32(2): 298-307.

吴鸿, 鲁庆彬, 杨淑贞. 天目山动物志（第十一卷）. 杭州: 浙江大学出版社, 2021.

夏国华, 梅爱君. 临安珍稀野生植物图鉴. 北京：中国农业科学技术出版社, 2018.

徐卫南, 王义平. 临安珍稀野生动物图鉴. 北京：中国农业科学技术出版社, 2018.

张宏伟. 外来植物对浙江天目山植物多样性海拔梯度格局的影响. 上海: 华东师范大学, 2023.

张瑜. 生态型乡村绿道资源要素协同规划研究. 杭州: 浙江农林大学, 2023.

周瑾婷. 华东黄山山脉、天目山脉植物多样性及群落特征研究. 杭州: 浙江大学, 2020.

刘佳, 虞钦岚, 饶盈, 等. 杭州市临安区珍稀野生维管植物区系研究. 华东森林经理, 2019, 33(3): 1-7.

2022 年杭州市临安区国民经济和社会发展统计公报[EB/OL]. (2023-04-06)[2024-03-08]. http://www.linan.gov.cn/art/2023/4/6/art_1229252926_4155359.html?eqid=85e8e9d800006c6a000000046435ac40.

国家林业和草原局, 农业农村部. 国家重点保护野生植物名录[EB/OL].(2021-09-08)[2024-03-08]. http://www.forestry.gov.cn/main/3954/20210908/163949170374051.html.

临安区农业农村局. 临安农林概况[EB/OL]. (2023-05-12)[2024-03-08]. http://www.linan.gov.cn/art/2023/5/12/art_1367550_59100746.html.

临安区农业农村局. 珍贵! 临安 64 种野生植物进入国家名录[EB/OL]. (2021-09-28)[2024-03-08]. http://www.linan.gov.cn/art/2021/9/28/art_1367598_59055734.html.

浙江省林业局. 临安区大力推进森林可持续经营改革试点[EB/OL]. (2020-04-30)[2024-03-08]. http://lyj.zj.gov.cn/art/2020/4/30/art_1277845_42783745.html.

中华人民共和国濒危物种科学委员会. 2023 年 CITES 附录中文版[EB/OL]. (2023-02-27)[2024-03-08]. http://www.cites.org.cn/citesgy/fl/202302/t20230227_734178.html.

第 2 章　调查研究方法

2.1 调查目的和任务

　　野生动物资源调查为保护和管理野生动物资源提供科学依据，满足政府部门制定宏观政策、推进生态文明建设、贯彻执行《中华人民共和国野生动物保护法》《中华人民共和国陆生野生动物保护实施条例》的需要。

　　本次野生动物资源调查以物种调查为主，兼顾物种生境和生态系统类型的调查，主要任务是查清临安区境内野生动物资源现状，并进行科学评价，为临安区建立野生动物资源监测体系奠定基础。

2.2 调查研究对象和内容

2.2.1 调查研究对象

　　调查研究对象为临安区野生脊椎动物，包括野生状态下的兽类、鸟类、两栖类、爬行类、鱼类的所有种，其中重点调查以下几方面。

　　（1）国家重点保护野生动物。

　　（2）浙江省重点保护陆生野生动物。

　　（3）《中国生物多样性红色名录—脊椎动物卷（2020）》（简称《中国生物多样性红色名录》）中评估等级在易危（VU）及以上的物种。

　　（4）《世界自然保护联盟濒危物种红色名录》（简称《IUCN 红色名录》）中评估等级在易危（VU）及以上的物种。

　　（5）列入《濒危野生动植物种国际贸易公约》（简称 CITES）附录Ⅰ至附录Ⅲ的物种。

　　（6）特有种、优势种。

2.2.2 调查研究内容

　　调查研究内容包括物种组成、分布、数量、生境、受威胁因素和保护现状，具体有以下几方面。

（1）野生动物物种多样性及分布现状。

（2）野生动物种群数量及发展趋势。

（3）野生动物物种多样性的受威胁情况。

（4）野生动物栖息地现状及保护状况。

（5）珍稀濒危物种保护现状，重点调查其特定栖息地生境和历史上曾有分布记录的区域。

（6）其他影响野生动物资源变动的主要因子。

2.3 调查研究原则

（1）科学性原则。应坚持严谨的科学态度，合理布设调查样线、样方，采用标准的、统一的方法获取资源本底数据，能够分析评价临安区野生动物资源情况、受威胁因素以及发展趋势。技术方法和调查结果应具有可重复性。

（2）全面性原则。要全面反映野生动物资源的整体情况。调查样线或样点应覆盖临安区各种生境类型，以及不同的海拔段、坡位、坡向；尽可能多地覆盖临安区的调查网格。

（3）重点性原则。在临安区生境质量好、野生动物资源丰富的区域，如自然保护区、风景名胜区、湿地公园等自然保护地，应增加调查的强度；重点关注《中国生物多样性红色名录》中的受威胁（易危、濒危、极危）物种和数据缺乏的物种，应在其可能分布的生境增加调查的强度。

（4）创新性原则。应用高新技术和先进装备获取更多资源调查数据。创新野外调查及成果利用形式。注重调查成果的集成性与应用性，充分利用新媒体展示临安区野生动物资源的多样性。

（5）安全性原则。保障野外调查者人身安全，贯彻"安全第一、预防为主"方针，做好安全防护措施。在标本采集、野外鉴定潜在疫源动物时，应按相关规定做好防疫处理。

2.4 技术路线

2.4.1 调查准备

（1）收集、分析与调查区域有关的动物志书、报告、论文、标本、数据库等资料，初步构建临安区野生动物名录，确定重点详查物种。

（2）收集调查区域的气象、地形地貌、植被类型等自然地理资料，编制调查与评估实施方案。

（3）准备调查工具与设备、调查记录表格、野外防护装备，包括地图、GPS 定位仪、对讲机、卫星电话、望远镜、照相机、红外相机、夜视仪、摄像机、录音机、测距仪、测角器、长卷尺、钢卷尺、直尺、DNA 样品采集工具。

（4）组织开展调查评估技术培训，包括安全培训、调查与评估技术规程培训、数据采集培训等。

2.4.2 野外调查

（1）根据调查对象与调查内容，结合区域内自然环境状况确定调查方法，设置调查样线与野外重点详查物种调查样方。

（2）选择合适的调查时间实施调查，采集标本，做好相应的调查记录，尽可能多地采集照片（生境照片、物种照片、野外工作照片）和视频等凭证资料。

2.4.3 室内工作

（1）整理调查记录、照片、视频等数据及标本，并对野外分类不确定的个体做进一步鉴定。

（2）根据调查结果编制物种名录，绘制物种分布图及物种丰富度分布图，完成物种受威胁状况分析、保护空缺分析等。

（3）编写调查与评估报告。

（4）将调查数据与结果上报。

临安区野生动物资源调查研究技术路线见图 2.1。

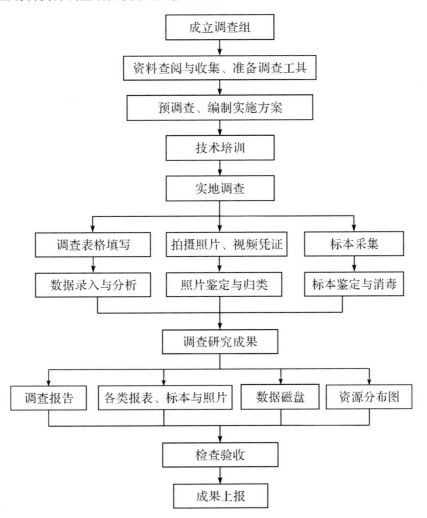

图 2.1 临安区野生动物资源调查研究技术路线

2.5 调查区划和抽样

2.5.1 抽样方法

采用系统抽样的方法对临安区进行调查规划。

（1）将临安区按 2km×2km 划分公里网格。采用系统抽样法，按照≥10%的强度抽取 192 个 2km×2km 公里网格作为调查样地（图 2.2）。

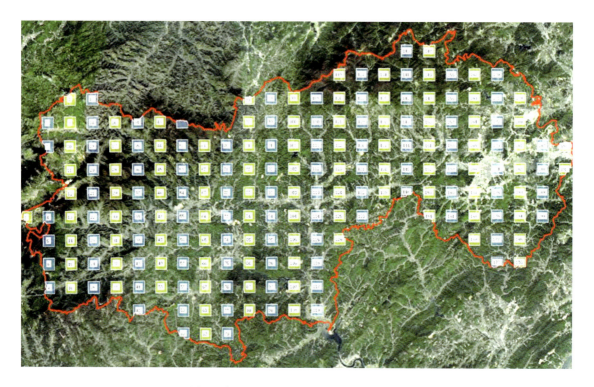

图 2.2 临安区野生动物资源调查样地分布

（2）在每个调查样地内，根据植被类型、海拔梯度等设置理论样地（样线、样点、样方）。

（3）调查样地内的样地面积应大于样地面积的 3%。如遇特殊情况，在保证总抽样强度 0.1%～0.3%的前提下，调查样地与样地的抽样强度可以根据实际情况调整。在保证调查有效性的情况下，应用样方法调查两栖类、爬行类时不受抽样强度限制。

（4）在实地调查前，应将理论样地（样线、样方、样线）落实在电子地形图上，生成样地分布图。

2.5.2 调查样地的布设

鱼类、两栖类、爬行类、鸟类、兽类宜分别布设样地。样地布设前进行预调查。样地布设应充分考虑野生动物的栖息地类型、活动范围、生态习性、透视度，以及调查时所使用的交通工具。

样线长度的设置应使得调查人员能在当天完成对该样线的调查。样线宽度的设置应使调查人员能清楚观察到两侧的野生动物及活动痕迹。样线宽度、样点半径、样方大小依据栖息地类型、野生动物种类、野生动物习性、观察对象确定。但对同一物种的调查应使用相同类型的调查样地，样线宽度、样点半径、样方大小应一致。

在 1：10000 的电子地形图上布设调查样地。样地应具有代表性，同类型样地不应有交叉。应充分利用森林资源二类调查成果、遥感卫星影像等，采用 GIS 技术等现代信息技术布设样地。

2.5.3 样地编号

对调查样地进行编号，编号应包含调查样地类型及编号的信息。调查样地编号由 3 位数字组成。调查样地类型分别为：样线记为 1，样点记为 2，样方记为 3；样线、样点、样方编号均为 3 位数。

专项调查样地编号采用在调查样地类型前加字母 Z 的方法。同步调查样地编号采用在调查样地类型前加字母 T 的方法。

2.5.4 样地定位

调查人员应使用大比例尺地形图、GPS 定位仪或借助森林资源调查固定样地的标桩等，进行样地定位。

找到起始点后，调查人员应依照预设方向行进，按照野生动物野外调查方法的技术要求，开展野外调查。

2.6 种群数量调查

野生动物种群数量的调查分为常规调查、专项调查和同步调查等。根据全面性原则，对大部分调查对象采用常规调查。根据重点性原则，对珍稀濒危物种进行专项调查。对具有迁徙（迁移）习性的野生动物，在迁徙（迁移）季节进行同步调查。

2.6.1 常规调查

1. 鱼类

根据调查水体的形态、大小、流量等环境条件，选择相应的调查方法。渔获物调查法可用于大型湖泊、水库和河流鱼类观测。鱼类现场捕获法可用于小型浅水湖泊和小型河流鱼类观测。调查样地应具有代表性，能全面反映临安区鱼类多样性的整体概况。

2. 两栖类和爬行类

两栖类和爬行类的常规调查方法相近，以样线法为主，访问法和历史文献资料收集整理等作为补充。两栖类、爬行类动物大多昼伏夜出，也有部分动物为日行性，因此样线调查在白天和夜晚都要开展。

爬行类中有毒种类较多，调查者应接受相关专业培训，做好安全防护。在安全性原则方面，捕捉标本时应做好个人安全防护。

3. 鸟类

鸟类的调查方法以样线法、红外相机拍摄法（主要调查地栖性鸟类）、羽迹法和直接计数法（集群地计数法）为主，访问法和网捕法作为补充。

鸟类数量调查分繁殖季和冬季两次进行，繁殖季和冬季调查都应在大多数种类的数量相对稳定的时期内开展。

4. 兽类

兽类调查以红外相机拍摄法（主要调查大中型兽类）、夹夜法（小型兽类，如食虫目、啮齿目）、网捕法（小型兽类，如翼手目）为主，辅以访问法和资料收集法。

2.6.2 专项调查

1. 专项物种调查

对分布范围狭窄、习性特殊、数量稀少、常规调查不能达到要求的种类进行专项调查。应依据各物种的分布、栖息地状况、生态习性等制定相应的调查方法。若对某一物种既进行了专项调查，又进行了常规调查，则以专项调查结果进行数据汇总。

2. 专项区域调查

对常规调查难以实施的地区进行专项调查，应依据调查地区地形地貌等自然条件以及当地野生动物的分布、栖息地、生态习性等制定相应的调查方法。

3. 同步调查

对部分具有明显越冬地以及停歇特征的迁徙鸟类进行同步调查。应在种群稳定期间进行调查，每次调查应在所有临安区的集中越冬地同时开展。

2.6.3 猎捕许可

在用网捕法开展迁徙过境鸟类调查、翼手目调查前，需获得野生动物保护主管部门的野生动物猎捕许可。调查作业时，网捕到物种后应当场确定物种，完成信息登记后放飞，尽量减少对网捕物种的影响。

2.7 物种鉴定、标本采集和影像凭证

2.7.1 物种鉴定

鉴定到种。进行物种鉴定时，主要依据志书、图鉴等工具书，并结合各标本馆馆藏标本，必要时可利用 DNA 条形码技术进行鉴定。

2.7.2 标本采集

在调查过程中要收集标本及其他相关资料，保留可靠凭证。标本应标注鉴定的依据资料或鉴定专家。原则上每个物种提交一份标本到浙江省林业局指定机构保存。珍稀濒危物种严禁采集标本，只需提供照片或视频等。

标本统一编号格式为"区县级行政区代码"+"采集动物序号（从 0001 号起编，以 4 位数字表示）"。不同份数之间，以 a、b、c……为序，附于采集号之后。

2.7.3 影像凭证

1. 影像凭证类型

野外调查采集的影像凭证应该包含以下内容。

（1）生境照片。每条样线不少于 5 张生境照片，每个样方不少于 3 张生境照片。其中，每条样线或每个样方必须包含 1 张以生境为背景、GPS 定位仪屏幕为前景的照片（GPS 定位仪屏幕上显示内容为调查点的地理位置信息）。

（2）物种影像。凭证照片或视频应能准确反映该物种的外在形态特征，影像清晰、自然，并显示相机内置的时间。

（3）工作影像。工作影像包括照片和视频，如实记录调查工作的执行内容。

2. 影像凭证命名

（1）生境照片以"样线编号"（或"样方编号"）-"HT"-"照片序号（从 001 号起编，以 3 位数字表示）"的形式命名。

（2）物种影像以"样线编号"（或"样方编号"）-"物种拉丁学名"-"照片或视频序号（从 001 号起编，以 3 位数字表示）"的形式命名。

2.8 珍稀濒危及中国特有种确定依据

（1）《国家重点保护野生动物名录》（2021）中的物种。

（2）《浙江省重点保护陆生野生动物名录（征求意见稿）》（2023）中的物种。

（3）《IUCN 红色名录》中评估为易危（VU）及以上等级的物种。

（4）《中国生物多样性红色名录》中评估为易危（VU）及以上等级的物种。

（5）《中国动物地理》中的中国特有物种。

2.9 数据处理和分析统计

2.9.1 分布面积

如果调查对象在调查样地均有分布，则调查样地面积即为调查对象的分布面积。如果调查对象在调查样地内仅分布于特定栖息地，则该栖息地面积为调查对象的分布面积。

根据野生动物的栖息地记录，确定栖息地类型。根据森林资源二类清查数据，用 GIS 确定分布区内各类型栖息地的面积，各类型栖息地面积之和即为动物在调查样地内的栖息地面积。专项调查亦可照此方法确定。同步调查根据具体调查面积确定。

2.9.2 栖息地面积

根据种群及栖息地调查记录，评价野生动物及栖息地受到的主要威胁、受干扰状况及程度。根据样地调查情况，结合资料查阅、访问调查，对调查单元野生动物及栖息地受到的主要威胁、受干扰状况进行评价。

2.9.3 野生种群数量

物种密度（D）的估算方法主要有以下几种。

1. 样线法

$$D = N/(2LW)$$

式中：N 表示样线内的个体数；L 表示样线长度；W 表示样线宽度。

2. 样点法

$$D = N/(\pi r^2)$$

式中：N 表示样点内的个体数；r 表示样点平均半径。

3. 集群地计数法

$$D = \sum_{i=1}^{N} M_i / A$$

式中：M_i 表示单个样地内的个体数；N 表示集群地内的样地数；A 表示集群地总面积。

4. 样方法

$$D = N/B$$

式中：N 表示样方内的个体数；B 表示样方面积。

2.9.4 种群优势度指数

种群优势度指数采用 Berger-Parker 优势度指数 I，则：

$$I = N_{\max}/N_{\mathrm{T}}$$

式中：$N_{\max}$ 为优势种的种群数量；N_{T} 为全部物种的种群数量。

2.9.5 物种多样性 G-F 指数

应用基于物种数目的 G-F 指数公式计算物种多样性。其中，G 指数计算属内和属间的多样性；F 指数计算科内和科间的多样性；G-F 指数测定科、属水平上的物种多样性。具体的计算公式如下。

1. F 指数

在一个特定的科

$$D_{FK} = -\sum_{i=1}^{n}(P_i \ln P_i)$$

式中：$P_i = S_{Ki}/S_K$；S_K 为名录中 K 科中的物种数；S_{Ki} 为名录中 K 科 i 属中的物种数；n 为名录中 K 科中的属数。

一个地区的 F 指数：

$$D_{F} = -\sum_{K=1}^{m} D_{FK}$$

式中：m 为名录中的科数。

2. G 指数

$$D_{G} = -\sum_{j=1}^{p}(q_j \ln q_j)$$

式中：$q_j = S_j/S$；S 为名录中的物种数；S_j 为名录中 j 属的物种数；p 为名录中的总属数。

3. G-F 指数

$$D_{GF} = 1 - D_G/D_F$$

根据上述的公式，计算临安区各门类野生动物的 G-F 指数。

2.9.6 综合评价

本书对临安区野生动物资源、自然地理环境、社会经济状况和保护价值进行综合评价，尤其是对生物多样性保护价值、生境保护价值、珍稀濒危物种受威胁现状、栖息地适宜性、人为干扰等进行专门评价，分析其威胁因素、功能区划的合理性、管理的有效性、生态系统服务功能等内容，进一步提出野生动物资源保护管理对策。

参考文献

Harris R B, Burnham K P. 关于使用样线法估计种群密度. 动物学报, 2002(6): 812-818.

IUCN. The IUCN red list of threatened species[EB/OL]. [2023-08-27]. https://www.iucnredlist.org.

Peet R K. The measurement of species diversity. Annual Review of Ecology and Systematics, 1975, 5: 285-307.

Tancredi C, Gaia P, Fabio B, et al. The Berger-Parker index as an effective tool for monitoring the biodiversity of disturbed soils: A case study on mediterranean Oribatid (Acari: Oribatida) assemblages. Biodivers. Conserv., 2007, 16(12): 3277-3285.

阿布都艾力·喀尤木. 基于 RS 和 GIS 的库车县生态公益林资源景观格局动态变化分析. 乌鲁木齐: 新疆师范大学, 2013.

陈小荣, 许大明, 鲍毅新, 等. G-F 指数测度百山祖兽类物种多样性. 生态学杂志, 2013, 32(6): 1421-1427.

龚大洁, 黄棨通, 刘开明, 等. 基于样线法的康县隆肛蛙（*F. kangxianensis*）种群数量及栖息地现状研究. 干旱区资源与环境, 2018, 32(5): 144-148.

国家林业和草原局, 农业农村部. 国家林业和草原局 农业农村部公告（2021 年第 3 号）（国家重点保护野生动物名录）[EB/OL].(2021-02-01)[2024-03-08]. https://www.forestry.gov.cn/lyj/1/gkgfxwj/20210201/546057.html.

国家林业和草原局, 农业农村部. 国家林业和草原局 农业农村部公告（2021 年第 3 号）（国家重点保护野生动物名录）[EB/OL]. (2021-02-01)[2024-01-03]. https://www.forestry.gov.cn/lyj/1/gkgfxwj/ 20210201/546057.html.

国家林业和草原局, 农业农村部. 国家重点保护野生植物名录[EB/OL].（2021-09-08）[2024-01-03]. http://www.forestry.gov.cn/main/3954/20210908/163949170374051.html.

蒋志刚, 纪力强. 鸟兽物种多样性测度的 G-F 指数方法. 生物多样性, 1999(3): 61-66.

李勤, 邬建国, 寇晓军, 等. 相机陷阱在野生动物种群生态学中的应用. 应用生态学报, 2013, 24(4): 947-955.

李欣海, 于家捷, 张鹏, 等. 应用红外相机监测结果估计小型啮齿类物种的种群密度. 生态学报, 2016, 36(8): 2311-2318.

李月辉. 大中型兽类种群数量估算的研究进展. 生物多样性, 2021, 29(12): 1700-1717.

李长看, 赵海鹏, 邓培渊, 等. 郑州黄河湿地省级自然保护区鸟类区系和多样性. 河南大学学报（自然科学版）, 2013, 43(4): 416-422.

刘正惟, 何兴成, 冯凯泽, 等. 贡嘎山东坡繁殖季与非繁殖季鸟类多样性变化. 动物学杂志, 2022, 57(6): 810-820.

陆元昌, 洪玲霞, 雷相东. 基于森林资源二类调查数据的森林景观分类研究. 林业科学, 2005(2): 21-29.

阮韵. 广西内陆风电场建设区鸟类种群密度和有效样线宽度及其影响因素的研究. 桂林: 广西师范
 大学, 2023.

苏宇乔, 张毅, 贾小容, 等. 几种多样性指标在森林群落分析中的应用比较. 生态科学, 2017, 36(1):
 132-138.

孙儒泳. 动物生态学原理. 2 版. 北京: 北京师范大学出版社, 1992.

王颖. 森林资源测计及经营管理系统设计与实现. 北京: 北京林业大学, 2020.

文雪, 严勇, 和梅香, 等. 2 种调查方法对四川黑竹沟国家级自然保护区 3 种雉类种群密度调查的比
 较. 四川动物, 2020, 39(1): 68-74.

熊姗, 张海江, 李成. 两栖类种群数量的快速调查与分析方法. 生态与农村环境学报, 2019, 35(6):
 809-816.

许等平, 唐小明, 毕于慧. 基于嵌入式 GIS 的森林资源二类调查数据采集系统. 林业科学, 2006(S1):
 151-154.

阳春生, 罗树毅, 李钰慧, 等. 样线法和标志重捕法在鳄蜥种群数量调查中的应用比较. 野生动物学
 报, 2017, 38(2): 291-294.

于国祥, 谢茂文, 陈雅楠, 等. 山东长岛凤头蜂鹰的种群动态及秋季迁徙. 林业科学, 2022, 58(4):
 119-127.

张荣祖. 中国动物地理. 北京: 科学出版社, 2011.

赵俊松, 张梅, 王远剑, 等. 云南大山包黑颈鹤国家级自然保护区鸟类 G-F 指数及区系分析. 昭通学
 院学报, 2021, 43(5): 18-22.

浙江省林业局. 浙江省林业局关于公开征求《浙江省重点保护陆生野生动物名录（征求意见稿）》
 意见的函[EB/OL]. (2023-09-06)[2023-12-06]. http://lyj.zj.gov.cn/art/2023/9/6/art_1275954_59059010.
 html.

浙江省人民政府办公厅. 浙江省人民政府办公厅关于公布浙江省重点保护陆生野生动物名录的通
 知[EB/OL]. (2016-03-02)[2023-12-06]. http://lyj.zj.gov.cn/art/2016/3/2/art_1275955_59057202.html.

中华人民共和国濒危物种科学委员会. 2023 年 CITES 附录中文版[EB/OL]. (2023-02-27)[2024-03-
08]. http://www.cites.org.cn/citesgy/fl/202302/t20230227_734178.html.

第 3 章　鱼类资源

3.1 调查路线和时间

　　鱼类资源调查涵盖临安区各乡镇（街道）陆域范围内各类型天然水域（包括山塘水库等与天然水体相联通的非养殖用途的人工水体）。基于科学性、全面性、重点性、可达性原则，通过卫星照片、水系图对临安区各乡镇（街道）水系进行研判，确定其中主要水体覆盖区域后进行实地探访，在不同类型的水环境控制单元内确定控制断面，设置采样点，开展采样工作。采样点尽可能涵盖主要水体类型和重要鱼类可能的活动场所，如河流交汇处、湖湾、库湾、急流、浅滩、深潭及河漫滩等不同生境。

　　计划设置现场捕获法采样点 100 个，由于实际道路交通状况与水体状况影响了采样点的设置与调查效果，且有部分采样点未采集到鱼类样本，故最终有效采样点 95 个。采样点分布见图 3.1。

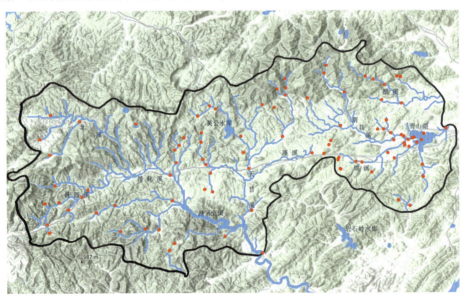

图 3.1 临安区鱼类采样点分布

　　根据鱼类生物学特点与繁殖期等因素，结合临安区当地水文条件，将主要调查季节确定为春季（枯水期）、夏季（丰水期）、秋冬季（平水期），其他时间进行少量补充调查。受到浙江八大水系禁渔等限制条件影响，最终分别于 2021 年夏季（丰水期）、秋季（平水期）和 2022 年春季（枯水期）、夏季（丰水期）完成了主要的外业调查工作，并于 2022 年冬季至 2023 年春季（平水期—枯水期）进行补充采样。

3.2 调查方法和物种鉴定

3.2.1 调查方法

鱼类资源调查以现场捕获法和渔获物调查法为主，水下影像调查法为补充。

1. 现场捕获法

现场捕获法指根据采样水域的生境类型和调查种类的习性，设置采样断面，选择相应的网具、钓具或其他捕鱼设备，直接将鱼类从水体中捕获的方法。针对本次调查，选择了手抄网、地笼、撒网三种不同网具。

手抄网主要于水深＜0.5m 的可涉水水域断面及水域近岸作业时应用。调查对象主要为溪流鱼类和近岸的小型鱼类，在夜间有较高的采样效率。地笼适用范围较广，在缓流水域均可进行鱼类采样，且可以根据断面水域底质与水文情况使用条状地笼或伞形地笼等不同类型的笼具。调查对象主要为水体中下层肉食性、杂食性鱼类。撒网多于存在密集鱼群信号的开阔水域作业时应用。主要调查对象为水体中上层鱼类，兼可捕获一些不易进入地笼的植食性鱼类。

传统渔业资源调查常使用定置刺网和流刺网进行采样。其优点是若设置得当，可以通过沉网与浮网全水层覆盖作业，且可以通过网眼孔径来针对性捕捞固定规格的经济鱼类，较易获得渔业资源数据。但其设置通常需要船只和大量人力辅助，且更多地用于配合商业性捕捞的渔业资源定量分析，应用于鱼类物种多样性调查时可能对鱼类资源造成一定程度的破坏，也难以覆盖小型非经济鱼类多样性调查的需求，还受到钱塘江与苕溪水域禁渔政策的影响，故本次调查未使用此类网具。

在捕获样本调查时，应注意适度取样。对于通过外部形态特征可以准确定种的物种，应采集后放流；对于难以在现场鉴定的物种，进行少量（＜10 尾）凭证标本固定，以减少对物种资源的破坏。严禁使用对鱼类栖息地造成破坏的毒鱼、炸鱼等非法手段捕获鱼类。

2. 渔获物调查法

渔获物调查法指从水体附近、码头、市场、饭店等地的渔民、鱼贩等处收集鱼类个体标本与鱼类来源信息的补充调查方法，是当现场捕获法受限于直接采样点数量和采集工具条件制约时的较好补充。收集时应注意了解所获鱼类来源，记录名称，大致了解资源量等情况，记录访问调查数据。必要时购买一定个体作为固定凭证。

3. 水下影像调查法

水下影像调查法指通过浮潜、深潜等水下作业手段，以拍摄照片或视频等方式，在水下能见度高的水域进行调查，对鱼类物种进行记录和统计，并留存鱼类在自然生境下的影像资料。

3.2.2 物种鉴定及命名

为保护生物资源多样性，对于通过外部形态特征可以准确定种的鱼类，土著物种在采集后放流，外来物种进行集中无害化处理；对于难以在现场鉴定的物种，进行少量（＜10 尾）凭证标本固定。记录访问调查到的鱼类种类，并备注相关信息，留取鱼类新鲜样本的照片。对于形态鉴定存在疑问的物种，采集右侧偶鳍，使用 95%乙醇溶液固定，留存分子样本，送上海海洋大学进行 PCR（聚合酶链式反应）扩增与 DNA 测序，获取 DNA 条形码数据。将取样后的鱼体洗净，整体浸入 10%福尔马林中性固定液固定形态标本，标本在固定完成后转至 75%乙醇溶液中长期保存。

内陆鱼类的确定标准依据《中国内陆鱼类物种与分布》，包括以下几类。

（1）终生生活在内陆水域（包括内陆含盐量较高的咸水湖）的种类。

（2）生活史的某一阶段需在内陆水域完成的种类（包括溯河洄游种类和降海洄游种类）。溯河洄游种类指在海洋中生长，性成熟后由海洋进入内陆水域繁殖的种类。降海洄游种类指在内陆水域生长，性成熟后由内陆水域降海繁殖的种类。

（3）陆封种：指起源于海洋，因自然或人为因素留在内陆水域完成生活史的种类。

参考《浙江动物志·淡水鱼类》《中国动物志·硬骨鱼纲》等对标本进行形态特征分类鉴定。

利用 PCR 方法对形态上易混淆的鱼类物种样本进行线粒体 *Cytb* 基因克隆，与 NCBI（美国国家生物信息中心）上的物种公开序列 Nucleotide BLAST 进行遗传距离比对，并下载近似物种序列构建邻接（Neighbor-Joining，NJ）系统进化树，进一步进行分子鉴定。对于不能准确鉴定的物种，邀请有关专家协助鉴定。

物种名录整理主要依照《中国生物多样性红色名录》，参考近年发表的鱼类分类论文、临安区的其他历史采集记录、《浙江清凉峰生物多样性研究》《天目山动物志》等著作及鱼类相关新闻报道进行补充、整合，以及物种厘定，确定最终名录。

国家重点保护野生动物等级参考《国家重点保护野生动物名录》（2021）。濒危等级依据《IUCN 红色名录》《中国生物多样性红色名录》。中国特有种依据《中国生物多样性红色名录》。

3.2.3 生态类型划分

根据鱼类栖息与繁殖水域环境的不同，以及 Elliott 等对河口鱼类生态类群的分类方法，结合《浙江动物志·淡水鱼类》，将临安区鱼类分为以下几种生态类型。

（1）山溪定居型

山溪定居型指在水流湍急、清澈、溶解氧浓度较高、石砾底质的水体中生活的鱼类。

（2）江河定居型

江河定居型指栖息于水流平缓的相对静水环境中，包括大的江河干流、湖泊水库和池塘水田等环境的鱼类。

（3）降海洄游型

降海洄游型指主要栖息在溪河中，当性成熟时，到海洋的特定海域中产卵繁殖的鱼类。

3.3 物种多样性

临安区天然水域共分布鱼类 104 种，分属 8 目 20 科。详见表 3.1。

表 3.1 临安区鱼类物种组成[1]

目	科数	科	种数	占比
鳗鲡目 ANGUILLIFORMES	1	鳗鲡科 Anguillidae	1	0.96%
颌针鱼目 BELONIFORMES	2	鱵科 Hemiramphidae	1	0.96%
		大颌鳉科 Adrianichthyidae	1	0.96%
鲱形目 CLUPEIFORMES	1	鳀科 Engraulidae	1	0.96%
鲤形目 CYPRINIFORMES	4	鲤科 Cyprinidae	60	57.69%
		花鳅科 Cobitidae	5	4.81%
		沙鳅科 Botiidae	2	1.92%
		腹吸鳅科 Gastromyzontidae	1	0.96%
胡瓜鱼目 OSMERIFORMES	1	银鱼科 Salangidae	1	0.96%
鲈形目 PERCIFORMES	5	鳜科 Sinipercidae	5	4.81%
		沙塘鳢科 Odontobutidae	2	1.92%
		虾虎鱼科 Gobiidae	8	7.69%
		斗鱼科 Osphronemidae	1	0.96%
		鳢科 Channidae	2	1.92%
鲇形目 SILURIFORMES	4	钝头鮠科 Amblycipitidae	1	0.96%
		鲿科 Bagridae	2	1.92%
		鲇科 Siluridae	7	6.73%
		鳅科 Sisoridae	1	0.96%
合鳃鱼目 SYNBRANCHIFORMES	2	刺鳅科 Mastacembelidae	1	0.96%
		合鳃鱼科 Synbranchidae	1	0.96%
合计	20	/	104	100.00%

临安区鱼类中，鲤形目为最优势类群，合计 68 种，超过其他鱼类总和，约占临安区鱼类总种数的 65.38%；鲈形目次之，共 18 种，约占临安区鱼类总种数的 17.31%；鲇形目第三，共 11 种，约占临安区鱼类总种数的 10.58%；颌针鱼目及合鳃鱼目各 2 种，均约占临安区鱼类总种数的 1.92%；鳗鲡目、鲱形目与胡瓜鱼目各 1 种，均约占临安区鱼类总种数的 0.96%。详见图 3.2。

---

[1]注：本书内有关比例的数据修约间隔为 0.01%。

　　鲤形目中，鲤科种类最多，合计 60 种，约占临安区鱼类总种数的 57.69%；花鳅科次之，共 5 种，约占临安区鱼类总种数的 4.81%；沙鳅科 2 种，约占临安区鱼类总种数的 1.92%；腹吸鳅科仅 1 种，约占临安区鱼类总种数的 0.96%。

　　鲈形目中，以虾虎鱼科种类最多，合计 8 种，约占临安区鱼类总种数的 7.96%；鳜科 5 种，约占临安区鱼类总种数的 4.81%；沙塘鳢科与鳢科各 2 种，均约占临安区鱼类总种数的 1.92%；斗鱼科 1 种，约占临安区鱼类总种数的 0.96%。

　　鲇形目中，鲿科有 7 种，约占临安区鱼类总种数的 6.73%；鲇科 2 种，约占临安区鱼类总种数的 1.92%；钝头鮠科和鮡科各 1 种，均约占临安区鱼类总种数的 0.96%。

　　合鳃鱼目中，刺鳅科与合鳃鱼科各 1 种，均约占临安区鱼类总种数的 0.96%。

　　颌针鱼目中，大颌鳉科与鱵科各 1 种，均约占临安区鱼类总种数的 0.96%。

　　胡瓜鱼目中，仅银鱼科 1 种，约占临安区鱼类总种数的 0.96%。

　　鲱形目中，仅鳀科 1 种，约占临安区鱼类总种数的 0.96%。

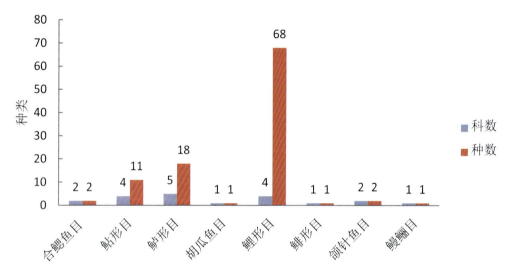

图 3.2 临安区鱼类物种组成

3.3.1 广布种

　　临安区溪河众多，天然地表水隶属于苕溪（长江）流域与钱塘江流域。

　　调查发现，临安区鱼类仅有小部分为流域特有种，绝大部分在钱塘江、苕溪两大水系均有分布。此外，通过走访垂钓人士、农贸市场摊贩等获得渔获物补充调查数据，重点补充了常见的人工养殖、增殖放流经济鱼类（如草鱼、青鱼、鲢、鳙、鲤）的分布信息。这些鱼类因对水环境要求较低，广泛随河流自然扩散，同时又因被人类养殖而扩散，广泛分布于临安区河道水网中。它们被本次调查定义为临安区区域范围内的广布种，虽有一些乡镇（街道）中的采样点受捕捞工具和采样强度影响，未能在直接采样调查中获得这些鱼类分布的标本证据，但依然认为这些物种在临安全域分布，列入所有乡镇（街道）名录，记为"全域分布"。详见表 3.2。

3.3.2 狭域分布种

钱塘江、苕溪水系源头区域栖息着部分对生境要求较为苛刻的溪流鱼类,如尖头鱥、苕溪鱲和刺颊鱲等,它们大多无法适应平原江河湖泊等相对静水缓流的水域环境,分布区相对狭窄。同时,由于受到分水岭对水系造成的地理隔离的影响,有些物种也在漫长的演化历史中"分道扬镳"。例如,刺颊鱲广泛分布于钱塘江水系溪流源头区,但在苕溪水系,仅发现太湖源一个分布点;苕溪鱲在钱塘江水系未有发现,却广泛分布于苕溪水系溪流中。此外,刀鲚、陈氏新银鱼等只能适应平缓宽阔河道或大型湖泊环境,分布也相对局限。另有一些内陆淡水鱼类,主要栖息于河口地区,虽可深入内陆,但较为罕见,在临安区水体内较为稀少,仅在少数调查断面采集到。本次调查将以上这些鱼类定义为狭域分布物种,分布区域精确到乡镇(街道)。详见表 3.2。

3.3.3 历史记录种

在参考历史文献资料,合并同物异名与明显不可能在临安区两大水系范围内分布的物种后,尚有部分物种虽存在于历史文献资料中,但在本次调查研究期间未能获得实际分布的证据,本次调查将其记为"历史记录"种,有待进一步调查考证。详见表 3.2。

表 3.2 临安区鱼类物种组成与分布

目、科、种	分布区域
一. 鳗鲡目 ANGUILLIFORMES	
(一)鳗鲡科 Anguillidae	
1.日本鳗鲡 *Anguilla japonica*	历史记录
二. 颌针鱼目 BELONIFORMES	
(二)大颌鳉科 Adrianichthyidae	
2.中华青鳉 *Oryzias sinensis*	全域分布
(三)鱵科 Hemiramphidae	
3. 间下鱵 *Hyporhamphus intermedius*	锦城街道、锦北街道、青山湖街道
三. 鲱形目 CYPRINIFORMES	
(四)鳀科 Engraulidae	
4.刀鲚 *Coilia nasus*	锦城街道、锦北街道、青山湖街道
四. 鲤形目 CYPRINIFORMES	
(五)鲤科 Cyprinidae	
5.中华细鲫 *Aphyocypris chinensis*	青山湖街道
6.马口鱼 *Opsariichthys bidens*	全域分布
7.长鳍马口鱼 *Opsariichthys evolans*	全域分布
8.虹彩马口鱼 *Opsariichthys iridescens*	板桥镇
9.刺颊鱲 *Zacco acanthogenys*	板桥镇、太湖源镇、天目山镇、於潜镇、太阳镇、昌化镇、河桥镇、龙岗镇、岛石镇、清凉峰镇、湍口镇、潜川镇
10.苕溪鱲 *Zacco tiaoxiensis*	青山湖街道、高虹镇、太湖源镇

（续表）

目、科、种	分布区域
11.黑线鳘 *Atrilinea roulei*	历史记录
12.草鱼 *Ctenopharyngodon idella*	全域分布
13.青鱼 *Mylopharyngodon piceus*	全域分布
14.尖头鱥 *Rhynchocypris oxycephalus*	天目山镇、太湖源镇、於潜镇、龙港镇、昌化镇、岛石镇、清凉峰镇
15.赤眼鳟 *Squaliobarbus curriculus*	全域分布
16.红鳍鲌 *Culter alburnus*	全域分布
17.青稍原鲌 *Chanodichthys dabryi*	全域分布
18.蒙古原鲌 *Chanodichthys mongolicus*	全域分布
19.翘嘴原鲌 *Chanodichthys erythropterus*	全域分布
20.贝氏鳘 *Hemiculter bleekeri*	锦城街道、锦北街道、青山湖街道
21.鳘 *Hemiculter leucisculus*	全域分布
22.似鳊 *Toxabramis swinhonis*	锦城街道、锦北街道、青山湖街道
23.大眼华鳊 *Sinibrama macrops*	全域分布
24.鳊 *Parabramis pekinensis*	全域分布
25.鲂 *Megalobrama mantschuricus*	全域分布
26.似鳊 *Pseudobrama simoni*	全域分布
27.圆吻鲴 *Distoechodon tumirostris*	全域分布
28.黄尾鲴 *Xenocypris davidi*	全域分布
29.银鲴 *Xenocypris macrolepis*	历史记录
30.细鳞斜颌鲴 *Plagiognathops microlepis*	全域分布
31.鳙 *Hypophthalmichthys nobilis*	全域分布
32.鲢 *Hypophthalmichthys molitrix*	全域分布
33.短须鱊 *Acheilognathus barbatulus*	锦城街道、锦北街道、青山湖街道
34.兴凯鱊 *Acheilognathus chankaensis*	全域分布
35.大鳍鱊 *Acheilognathus macropterus*	全域分布
36.无须鱊 *Acheilognathus gracilis*	青山湖街道
37.彩副鱊 *Acheilognathus imberbis*	玲珑街道、潜川镇
38.斜方鱊 *Acheilognathus rhombeus*	锦城街道、锦北街道、青山湖街道
39.齐氏副田中鳑鲏 *Paratanakia chii*	青山湖街道
40.方氏鳑鲏 *Rhodeus fangi*	全域分布
41.高体鳑鲏 *Rhodeus ocellatus*	全域分布
42.中华鳑鲏 *Rhodeus sinensis*	全域分布
43.棒花鱼 *Abbottina rivularis*	全域分布
44.似鮈 *Belligobio nummifer*	历史记录
45.细纹颌须鮈 *Gnathopogon taeniellus*	青山湖街道、板桥镇、潜川镇
46.花鮹 *Hemibarbus maculatus*	全域分布
47.唇鮹 *Hemibarbus labeo*	全域分布
48.长吻鮹 *Hemibarbus longirostris*	於潜镇、昌化镇
49.张氏小鳔鮈 *Microphysogobio zhangi*	昌化镇、河桥镇、潜川镇
50.建德小鳔鮈 *Microphysogobio tafangensis*	昌化镇

（续表）

目、科、种	分布区域
51.胡鮈 *Huigobio chenhsienensis*	全域分布
52.麦穗鱼 *Pseudorasbora parva*	全域分布
53.黑鳍鳈 *Sarcocheilichthys nigripinnis*	全域分布
54.小鳈 *Sarcocheilichthys parvus*	全域分布
55.华鳈 *Sarcocheilichthys sinensis*	全域分布
56.银鮈 *Squalidus argentatus*	全域分布
57.点纹银鮈 *Squalidus wolterstorffi*	全域分布
58.似鮈 *Pseudogobio vaillanti*	昌化镇、河桥镇、潜川镇
59.董氏鲅鮀 *Gobiobotia tungi*	历史记录
60.鲫 *Carassius carassius*	全域分布
61.鲤 *Cyprinus rubrofuscus*	全域分布
62.光唇鱼 *Acrossocheilus fasciatus*	全域分布
63.刺鲃 *Spinibarbus caldwelli*	潜川镇
64.台湾白甲鱼 *Onychostoma barbatulum*	天目山镇、太湖源镇、於潜镇、龙港镇、昌化镇、岛石镇、清凉峰镇
（六）花鳅科 **Cobitidae**	
65.短鳍花鳅 *Cobitis brevipinna*	天目山镇
66.须斑花鳅 *Cobitis fimbriata*	历史记录
67.浙江花鳅 *Cobitis zhejiangensis*	全域分布
68.泥鳅 *Misgurnus anguillicaudatus*	全域分布
69.大鳞副泥鳅 *Paramisgurnus dabryanus*	全域分布
（七）沙鳅科 **Cobitidae**	
70.张氏薄鳅 *Leptobotia tchangi*	天目山镇、於潜镇
71.圆尾薄鳅 *Leptobotia rotundilobus*	岛石镇
（八）腹吸鳅科 **Gastromyzontidae**	
72.原缨口鳅 *Vanmanenia stenosoma*	全域分布
五.银汉鱼目 **OSMERIFORMES**	
（九）银鱼科 **Salangidae**	
73.陈氏新银鱼 *Neosalanx tangkahkeii*	锦城街道、锦北街道、青山湖街道
六.鲈形目 **PERCIFORMES**	
（十）鳜科 **Sinipercidae**	
74.刘氏少鳞鳜 *Coreoperca liui*	历史记录
75.翘嘴鳜 *Siniperca chuatsi*	全域分布
76.大眼鳜 *Siniperca knerii*	历史记录
77.斑鳜 *Siniperca scherzeri*	全域分布
78.波纹鳜 *Siniperca undulata*	历史记录
（十一）沙塘鳢科 **Odontobutidae**	
79.小黄黝鱼 *Micropercops swinhonis*	全域分布
80.河川沙塘鳢 *Odontobutis potamophila*	全域分布
（十二）虾虎鱼科 **Gobiidae**	
81.子陵吻虾虎鱼 *Rhinogobius giurinus*	全域分布
82.雀斑吻虾虎鱼 *Rhinogobius lentiginis*	全域分布

（续表）

目、科、种	分布区域
83.波氏吻虾虎鱼 *Rhinogobius cliffordpopei*	全域分布
84.密点吻虾虎鱼 *Rhinogobius multimaculatus*	锦城街道、锦北街道、青山湖街道、锦南街道、玲珑街道、板桥镇
85.黑体吻虾虎鱼 *Rhinogobius niger*	全域分布
86.无斑吻虾虎鱼 *Rhinogobius immaculatus*	潜川镇
（十二）虾虎鱼科 **Gobiidae**	
81.子陵吻虾虎鱼 *Rhinogobius giurinus*	全域分布
82.雀斑吻虾虎鱼 *Rhinogobius lentiginis*	全域分布
83.波氏吻虾虎鱼 *Rhinogobius cliffordpopei*	全域分布
84.密点吻虾虎鱼 *Rhinogobius multimaculatus*	锦城街道、锦北街道、青山湖街道、锦南街道、玲珑街道、板桥镇
85.黑体吻虾虎鱼 *Rhinogobius niger*	全域分布
86.无斑吻虾虎鱼 *Rhinogobius immaculatus*	潜川镇
87.戴氏吻虾虎鱼 *Rhinogobius davidi*	板桥镇、天目山镇、於潜镇、太阳镇、昌化镇、河桥镇、龙岗镇、岛石镇、清凉峰镇、湍口镇、潜川镇
88.武义吻虾虎鱼 *Rhinogobius wuyiensis*	天目山镇、潜川镇
（十三）斗鱼科 **Osphronemidae**	
89.圆尾斗鱼 *Macropodus chinensis*	全域分布
（十四）鳢科 **Channidae**	
90.乌鳢 *Channa argus*	全域分布
91.月鳢 *Channa asiatica*	历史记录
七.鲇形目 **SILURIFORMES**	
（十五）钝头鮠科 **Amblycipitidae**	
92.鳗尾鮠 *Liobagrus anguillicauda*	太湖源镇、昌化镇、板桥镇、太阳镇
（十六）鲿科 **Bagridae**	
93.圆尾拟鲿 *Tachysurus tenuis*	历史记录
94.黄颡鱼 *Tachysurus sinensis*	全域分布
95.瓦氏拟鲿 *Tachysurus vachelli*	昌化镇
96.光泽拟鲿 *Tachysurus nitidus*	潜川镇
97.盎堂拟鲿 *Tachysurus ondon*	全域分布
98.白边拟鲿 *Tachysurus albomarginatus*	河桥镇、潜川镇
99.大鳍半鲿 *Hemibagrus macropterus*	昌化镇
（十七）鲇科 **Siluridae**	
100.鲇 *Silurus asotus*	全域分布
101.大口鲇 *Silurus meridionalis*	历史记录
（十八）鮡科 **Sisoridae**	
102.福建纹胸鮡 *Glyptothorax fokiensis*	历史记录
八.合鳃鱼目 **SYNBRANCHIFORMES**	
（十九）刺鳅科 **Mastacembelidae**	
103.中华刺鳅 *Sinobdella sinensis*	全域分布
（二十）合鳃鱼科 **Synbranchidae**	
104.黄鳝 *Monopterus albus*	全域分布

3.4 生态类型

　　临安区山地溪流与平缓河道皆具，湖泊湿地众多，江河定居型鱼类与山溪定居型鱼类皆丰富；但因地处河流上游，因此降海洄游型鱼类较少，仅发现 1 种，即日本鳗鲡，且无法排除是养殖逃逸的可能性。此外，有部分河口及海洋鱼类，如刀鲚，为存在于内陆淡水水域内的陆封种群，同样被收录入本次调查名录中，并按陆封种群的栖息生境确定其生态类型，在临安区仅具江河定居型这一生态类型。

　　经统计，临安区共栖息鱼类 104 种，其中山溪定居型鱼类 59 种，占临安区鱼类总种数的56.73%；江河定居型鱼类 67 种，占临安区鱼类总种数的 64.42%；降海洄游型鱼类 1 种，占临安区鱼类总种数的 0.96%。详见表 3.3、表 3.4。

表 3.3 临安区鱼类生态类型组成

目、科、种	生态类型
一.鳗鲡目 ANGUILLIFORMES	
（一）鳗鲡科 Anguillidae	
1.日本鳗鲡 *Anguilla japonica*	降海洄游型
二.颌针鱼目 BELONIFORMES	
（二）大颌鳉科 Adrianichthyidae	
2.中华青鳉 *Oryzias sinensis*	江河定居型
（三）鱵科 Hemiramphidae	
3.间下鱵 *Hyporhamphus intermedius*	江河定居型
三.鲱形目 CYPRINIFORMES	
（四）鳀科 Engraulidae	
4.刀鲚 *Coilia nasus*	江河定居型
四.鲤形目 CYPRINIFORMES	
（五）鲤科 Cyprinidae	
5.中华细鲫 *Aphyocypris chinensis*	江河定居型
6.马口鱼 *Opsariichthys bidens*	山溪定居型、江河定居型
7.长鳍马口鱼 *Opsariichthys evolans*	山溪定居型
8.虹彩马口鱼 *Opsariichthys iridescens*	山溪定居型
9.刺颊鱲 *Zacco acanthogenys*	山溪定居型
10.苕溪鱲 *Zacco tiaoxiensis*	山溪定居型
11.黑线鳘 *Atrilinea roulei*	山溪定居型
12.草鱼 *Ctenopharyngodon idella*	江河定居型
13.青鱼 *Mylopharyngodon piceus*	江河定居型
14.尖头鱲 *Rhynchocypris oxycephalus*	山溪定居型
15.赤眼鳟 *Squaliobarbus curriculus*	山溪定居型、江河定居型
16.红鳍鲌 *Culter alburnus*	江河定居型
17.青稍原鲌 *Chanodichthys dabryi*	江河定居型
18.蒙古原鲌 *Chanodichthys mongolicus*	江河定居型

（续表）

目、科、种	生态类型
19.翘嘴原鲌 *Chanodichthys erythropterus*	江河定居型
20.贝氏鳘 *Hemiculter bleekeri*	江河定居型
21.鳘 *Hemiculter leucisculus*	山溪定居型、江河定居型
22.似鳊 *Toxabramis swinhonis*	江河定居型
23.大眼华鳊 *Sinibrama macrops*	山溪定居型、江河定居型
24.鳊 *Parabramis pekinensis*	江河定居型
25.鲂 *Megalobrama mantschuricus*	江河定居型
26.似鳊 *Pseudobrama simoni*	江河定居型
27.圆吻鲴 *Distoechodon tumirostris*	山溪定居型、江河定居型
28.黄尾鲴 *Xenocypris davidi*	江河定居型
29.银鲴 *Xenocypris macrolepis*	江河定居型
30.细鳞斜颌鲴 *Plagiognathops microlepis*	江河定居型
31.鳙 *Hypophthalmichthys nobilis*	江河定居型
32.鲢 *Hypophthalmichthys molitrix*	江河定居型
33.短须鱊 *Acheilognathus barbatulus*	江河定居型
34.兴凯鱊 *Acheilognathus chankaensis*	江河定居型
35.大鳍鱊 *Acheilognathus macropterus*	江河定居型
36.无须鱊 *Acheilognathus gracilis*	江河定居型
37.彩副鱊 *Acheilognathus imberbis*	江河定居型
38.斜方鱊 *Acheilognathus rhombeus*	山溪定居型、江河定居型
39.齐氏副田中鳑鲏 *Paratanakia chii*	山溪定居型、江河定居型
40.方氏鳑鲏 *Rhodeus fangi*	江河定居型
41.高体鳑鲏 *Rhodeus ocellatus*	山溪定居型、江河定居型
42.中华鳑鲏 *Rhodeus sinensis*	江河定居型
43.棒花鱼 *Abbottina rivularis*	山溪定居型、江河定居型
44.似鮈 *Belligobio nummifer*	山溪定居型、江河定居型
45.细纹颌须鮈 *Gnathopogon taeniellus*	山溪定居型
46.花𫚖 *Hemibarbus maculatus*	江河定居型
47.唇𫚖 *Hemibarbus labeo*	山溪定居型、江河定居型
48.长吻𫚖 *Hemibarbus longirostris*	山溪定居型
49.张氏小鳔鮈 *Microphysogobio zhangi*	山溪定居型
50.建德小鳔鮈 *Microphysogobio tafangensis*	山溪定居型
51.胡鮈 *Huigobio chenhsienensis*	山溪定居型
52.麦穗鱼 *Pseudorasbora parva*	山溪定居型、江河定居型
53.黑鳍鳈 *Sarcocheilichthys nigripinnis*	山溪定居型、江河定居型
54.小鳈 *Sarcocheilichthys parvus*	山溪定居型
55.华鳈 *Sarcocheilichthys sinensis*	江河定居型
56.银鮈 *Squalidus argentatus*	江河定居型
57.点纹银鮈 *Squalidus wolterstorffi*	山溪定居型、江河定居型
58.似鮈 *Pseudogobio vaillanti*	山溪定居型
59.董氏鳅鮀 *Gobiobotia tungi*	山溪定居型

（续表）

目、科、种	生态类型
60.鲫 *Carassius carassius*	山溪定居型、江河定居型
61.鲤 *Cyprinus rubrofuscus*	江河定居型
62.光唇鱼 *Acrossocheilus fasciatus*	山溪定居型
63.刺鲃 *Spinibarbus caldwelli*	山溪定居型、江河定居型
64.台湾白甲鱼 *Onychostoma barbatulum*	山溪定居型
（六）花鳅科 **Cobitidae**	
65.短鳍花鳅 *Cobitis brevipinna*	山溪定居型
66.须斑花鳅 *Cobitis fimbriata*	山溪定居型
67.浙江花鳅 *Cobitis zhejiangensis*	山溪定居型、江河定居型
68.泥鳅 *Misgurnus anguillicaudatus*	山溪定居型、江河定居型
69.大鳞副泥鳅 *Paramisgurnus dabryanus*	江河定居型
（七）沙鳅科 **Cobitidae**	
70.张氏薄鳅 *Leptobotia tchangi*	山溪定居型
71.圆尾薄鳅 *Leptobotia rotundilobus*	山溪定居型
（八）腹吸鳅科 **Gastromyzontidae**	
72.原缨口鳅 *Vanmanenia stenosoma*	山溪定居型
五.银汉鱼目 **OSMERIFORMES**	
（九）银鱼科 **Salangidae**	
73.陈氏新银鱼 *Neosalanx tangkahkeii*	江河定居型
六.鲈形目 **PERCIFORMES**	
（十）鳜科 **Sinipercidae**	
74.刘氏少鳞鳜 *Coreoperca liui*	山溪定居型
75.翘嘴鳜 *Siniperca chuatsi*	江河定居型
76.大眼鳜 *Siniperca knerii*	江河定居型
77.斑鳜 *Siniperca scherzeri*	山溪定居型、江河定居型
78.波纹鳜 *Siniperca undulata*	山溪定居型
（十一）沙塘鳢科 **Odontobutidae**	
79.小黄黝鱼 *Micropercops swinhonis*	江河定居型
80.河川沙塘鳢 *Odontobutis potamophila*	山溪定居型、江河定居型
（十二）虾虎鱼科 **Gobiidae**	
81.子陵吻虾虎鱼 *Rhinogobius giurinus*	山溪定居型、江河定居型
82.雀斑吻虾虎鱼 *Rhinogobius lentiginis*	山溪定居型
83.波氏吻虾虎鱼 *Rhinogobius cliffordpopei*	山溪定居型、江河定居型
84.密点吻虾虎鱼 *Rhinogobius multimaculatus*	山溪定居型
85.黑体吻虾虎鱼 *Rhinogobius niger*	山溪定居型
86.无斑吻虾虎鱼 *Rhinogobius immaculatus*	山溪定居型
87.戴氏吻虾虎鱼 *Rhinogobius davidi*	山溪定居型
88.武义吻虾虎鱼 *Rhinogobius wuyiensis*	山溪定居型
（十三）斗鱼科 **Osphronemidae**	
89.圆尾斗鱼 *Macropodus chinensis*	江河定居型

（续表）

目、科、种	生态类型
（十四）鳢科 **Channidae**	
90.乌鳢 *Channa argus*	江河定居型
91.月鳢 *Channa asiatica*	江河定居型
七.鲇形目 **SILURIFORMES**	
（十五）钝头鮠科 **Amblycipitidae**	
92.鳗尾鮡 *Liobagrus anguillicauda*	山溪定居型
（十六）鲿科 **Bagridae**	
93.圆尾拟鲿 *Tachysurus tenuis*	山溪定居型
94.黄颡鱼 *Tachysurus sinensis*	江河定居型
95.瓦氏拟鲿 *Tachysurus vachelli*	江河定居型
96.光泽拟鲿 *Tachysurus nitidus*	江河定居型
97.盎堂拟鲿 *Tachysurus ondon*	山溪定居型
98.白边拟鲿 *Tachysurus albomarginatus*	山溪定居型
99.大鳍半鲿 *Hemibagrus macropterus*	江河定居型
（十七）鲇科 **Siluridae**	
100.鲇 *Silurus asotus*	山溪定居型、江河定居型
101.大口鲇 *Silurus meridionalis*	山溪定居型
（十八）鮡科 **Sisoridae**	
102.福建纹胸鮡 *Glyptothorax fokiensis*	山溪定居型
八.合鳃鱼目 **SYNBRANCHIFORMES**	
（十九）刺鳅科 **Mastacembelidae**	
103.中华刺鳅 *Sinobdella sinensis*	山溪定居型
（二十）合鳃鱼科 **Synbranchidae**	
104.黄鳝 *Monopterus albus*	江河定居型

表 3.4 临安区鱼类生态类型组成分析

生态类型	种类	占比
山溪定居型	59	56.73%
江河定居型	67	64.42%
降海洄游型	1	0.96%

3.5 珍稀濒危及中国特有种

3.5.1 国家重点保护鱼类

本次调查显示，临安区分布的鱼类中，无国家重点保护野生动物。

3.5.2 珍稀濒危鱼类

本次调查发现，临安区被《IUCN 红色名录》列为易危（VU）及以上等级的鱼类有 2 种，即日本鳗鲡［濒危（EN）］、刀鲚［濒危（EN）］；被《中国生物多样性红色名录》列为易危（VU）及以上等级的鱼类有 2 种，即黑线鳘［易危（VU）］、日本鳗鲡［濒危（EN）］。详见表 3.5。

3.5.3 中国特有鱼类

本次调查发现，临安区分布中国特有种鱼类 47 种，占临安区鱼类总种数的 45.19%。详见表 3.5。

表 3.5 临安区珍稀濒危鱼类、重点保护鱼类及中国特有种鱼类名录

物种	IUCN	CRLB	中国特有种
日本鳗鲡 Anguilla japonica	EN	EN	
刀鲚 Coilia nasus	EN		
长鳍马口鱼 Opsariichthys evolans			√
刺颊鱲 Zacco acanthogenys			√
苕溪鱲 Zacco tiaoxiensis			√
黑线鳘 Atrilinea roulei		VU	√
大眼华鳊 Sinibrama macrops			√
似鳊 Pseudobrama simoni			√
圆吻鲴 Distoechodon tumirostris			√
黄尾鲴 Xenocypris davidi			√
无须鱊 Acheilognathus gracilis			√
彩副鱊 Acheilognathus imberbis			√
齐氏副田中鳑鲏 Paratanakia chii			√
方氏鳑鲏 Rhodeus fangi			√
中华鳑鲏 Rhodeus sinensis			√
似鮈 Belligobio nummifer			√
细纹颌须鮈 Gnathopogon taeniellus			√
张氏小鳔鮈 Microphysogobio zhangi			√
建德小鳔鮈 Microphysogobio tafangensis			√
胡鮈 Huigobio chenhsienensis			√
黑鳍鳈 Sarcocheilichthys nigripinnis			√
点纹银鮈 Squalidus wolterstorffi			√
董氏鳅蛇 Gobiobotia tungi			√
台湾白甲鱼 Onychostoma barbatulum			√
短鳍花鳅 Cobitis brevipinna			√
须斑花鳅 Cobitis fimbriata			√
浙江花鳅 Cobitis zhejiangensis			√
张氏薄鳅 Leptobotia tchangi			√
圆尾薄鳅 Leptobotia rotundilobus			√

（续表）

物种	IUCN	CRLB	中国特有种
原缨口鳅 *Vanmanenia stenosoma*			√
陈氏新银鱼 *Neosalanx tangkahkeii*			√
刘氏少鳞鳜 *Coreoperca liui*			√
波纹鳜 *Siniperca undulata*			√
河川沙塘鳢 *Odontobutis potamophila*			√
雀斑吻虾虎鱼 *Rhinogobius lentiginis*			√
波氏吻虾虎鱼 *Rhinogobius cliffordpopei*			√
密点吻虾虎鱼 *Rhinogobius multimaculatus*			√
黑体吻虾虎鱼 *Rhinogobius niger*			√
无斑吻虾虎鱼 *Rhinogobius immaculatus*			√
戴氏吻虾虎鱼 *Rhinogobius davidi*			√
武义吻虾虎鱼 *Rhinogobius wuyiensis*			√
鳗尾鮡 *Liobagrus anguillicauda*			√
圆尾拟鲿 *Tachysurus tenuis*			√
光泽拟鲿 *Tachysurus nitidus*			√
盎堂拟鲿 *Tachysurus ondon*			√
白边拟鲿 *Tachysurus albomarginatus*			√
大鳍半鲿 *Hemibagrus macropterus*			√
大口鲇 *Silurus meridionalis*			√
福建纹胸鮡 *Glyptothorax fokiensis*			√

注：① IUCN 为《IUCN 红色名录》的简称；CRLB 为《中国生物多样性红色名录》的简称。IUCN 和 CRLB 中，"CR"表示极危，"EN"表示濒危，"VU"表示易危，"NT"表示近危，"LC"表示无危，"DD"表示数据缺乏。下同。

②中国特有种中，"√"表示仅在中国境内自然分布。下同。

3.6 讨论

3.6.1 新发现物种

同陆生脊椎动物不同，鱼类严格水栖，其分布与扩散强烈依赖水体，内陆淡水鱼类的扩散更是受到河流水系的限制，分布有一定的流域规律。因此，在鱼类调查中，行政区划的概念通常被淡化，罕有区县级的鱼类多样性资料。本次调查研究中，我们对流域常见物种不做新记录报道，仅对证据充分的新分布类群，如近年发表且尚未对分布区域进行广泛系统性调查的新物种，进行新记录认定。

1. 新物种

虹彩马口鱼*Opsariichthys iridescens*：标本采自分水江（钱塘江）流域。2024年，浙江省森林资源监测中心与上海海洋大学联合研究团队发表了鱼类新物种——虹彩马口鱼*Opsariichthys iridescens*，相关成果发表于国际动物分类学期刊*Zookeys*。由于该新物种的雄性婚姻色具鲜艳的多色虹彩，研究团队将其命名为"虹彩马口鱼"。研究团队在临安板桥镇采集到该鱼标本，进行形态学测量，并提取DNA进行遗传学和系统发育学研究。结果显示，该鱼与已知最接近的多个马口鱼属物种的遗传距离均达到14.4%以上，结合形态数据分析，确定其为马口鱼属一新物种。调查研究还发现，虹彩马口鱼主要分布于浙江、安徽两省钱塘江中上游地区，在瓯江上游和江西省长江鄱阳湖流域源头区域水质洁净的溪流中也有少量分布。

2. 浙江省分布新记录

斜方鳑鲏 *Acheilognathus rhombeus*：2020 年，作为中国新记录种首次在国家科技基础资源调查专项"大别山区生物多样性综合科学考察"课题"鱼类多样性科学考察"研究中被报道。在浙江省北部地区，包括临安区境内广泛分布，长期被错误鉴定为越南鳑鲏 *A. tonkinensis* 或短须鳑鲏 *A. barbatulus*。

张氏小鳔鮈*Microphysogobio zhangi*：Huang 等于 2017 年发表的新物种，主要分布于珠江水系，在临安区的发现扩大了其分布范围。本次调查标本采自昌化溪（钱塘江）流域。

圆尾薄鳅 *Leptobotia rotundilobus*：Guo 等于 2023 年发表的新物种，模式产地为安徽黄山。本次调查标本采集自昌化溪源头区域，值得一提的是，这个新物种的整套模式标本中，有 2 号副模标本于 1982 年采自临安，并作为中国科学院水生生物研究所馆藏标本，但一直被错误鉴定为天台薄鳅 *L. tientainensis*。由于扁尾薄鳅 *L. compressicauda* 仅分布于福建闽江，临安记录的扁尾薄鳅极可能也是圆尾薄鳅。

3. 临安区分布新记录

无斑吻虾虎鱼 *Rhinogobius immaculatus*：Li 等于 2018 年发表的新物种，模式产地为杭州桐庐富春江。本次调查标本采集于分水江（钱塘江）流域。

苕溪鱲 *Zacco tiaoxiensis*：张琰等于 2023 年发表的新物种，模式产地为杭州余杭闲林。本次调查发现在苕溪水系低海拔溪流广泛分布。

3.6.2 被删除的历史记录物种

在临安区范围内有历史记录的鱼类中，诸多物种不记入本次调查的物种名录中，这些被删除的历史记录物种可以分为如下 3 类。

（1）发生分类变更的物种。部分分类变更较为简单，历史记录为其他物种的次定同物异名。例如，厚唇鱼 *Acrossocheilus labiatu* 即为光唇鱼 *A. fasciatus*。其他的分类变化可能涉及广布种内的隐存新物种被发现等较为复杂的情况。例如，*Cyprinus carpio* 实际仅分布在欧洲地区，亚洲鲤的有效种名是鲤 *C. rubrofuscus*；宽鳍鱲 *Zacco platypus* 仅分布在日本，分布于钱塘江的鱲属鱼类曾经作为宽鳍鱲次定同物异名归并，现已恢复有效性的刺颊鱲 *Z. acanthogenys*，分布于苕溪的鱲有少量是刺颊鱲（太湖源镇），绝大部分是新物种苕溪鱲 *Z.tiaoxiensis*。此外，我们在核对文献描述和检视标本过程中发现，也有大量长鳍马口鱼 *Opsariichthys evolans* 被错误鉴定为宽鳍鱲，这属于鉴定错误；青鳉 *Oryzias latipes* 只分布于日本和朝鲜半岛，中国大陆的记录实际上均为中华青鳉 *O. sinensis*；原钱塘江流域分布的中国少鳞鳜 *Coreoperca whiteheadi* 为新物种刘氏少鳞鳜 *C. liui*；上文提到的临安记录的天台扁尾薄鳅（天台薄鳅）、扁尾薄鳅实际为新物种圆尾薄鳅。Sun 等认为福建小鳔鮈 *Microphysogobio fukiensis* 仅分布于福建闽江流域，在福建以外的华东地区广泛分布的记录均为其他物种或未被描述的新物种，例如浙江省内瓯江水系记录的为新物种瓯江小鳔鮈 *M. oujiangensis*，因此临安历史记录的福建小鳔鮈有可能是张氏小鳔鮈 *M. zhangi*；光倒刺鲃 *Spinibarbus hollandi*、革条副田中鳑鲏（原名革条副鱊）*Paratanakia himantegus* 都是中国台湾省的特有种，中国大陆刺鲃 *S. caldwelli*、齐氏副田中鳑鲏 *P. chii* 一直被看作两者的同物异名。实际上，中国大陆记录的光倒刺鲃属于刺鲃，记录的革条副田中鳑鲏属于齐氏副田中鳑鲏。这些种类都是从其他种的同物异名种恢复其有效性的物种。此外，一些物种的属级归类也发生了变动。例如，尖头鱲 *Phoxinus oxycephalus* 现归入大吻鱥属 *Rhynchocypris*；红鳍鲌属 *Cultrichthys* 是鲌属 *Culter* 的同物异名，易伯鲁和朱志荣曾经错把红鳍鲌 *Culter alburnus* 和翘嘴原鲌 *Chanodichthys erythropterus* 的拉丁学名混淆，而在中国的鲌属鱼类中，除了红鳍鲌以外，其他本来属于鲌属的鱼类都应该归入原鲌属 *Chanodichthys*；黄颡鱼属 *Peltobagrus* 和拟鲿属 *Pseudobagrus* 是疯鲿 *Tachysurus* 属的同物异名，但由于"疯鲿"这一中文名不太被大众接受，因此一般将 *Tachysurus* 属物种的中文名保持为黄颡鱼或拟鲿，且鮠属 *Leiocassis* 是东南亚地区国家的特有属，中国的鮠属鱼类应该归入 *Tachysurus* 属。

（3）被错误鉴定的物种。虽然历史记录这些物种分布于临安，然而近些年来没有发现它们存活于该地区的报道，同时缺乏可以查证的标本记录。这些物种中，多数物种目前已知的分布区远离苕溪或分水江（钱塘江水系），有的甚至不见于中国，且在其周边河流也未见分布记录。目前国内比较权威的淡水鱼类分类研究也没有采纳它们在此区域分布的结论。例如，刺鳅

Mastacembelus aculeatus 分布在热带地区，如东南亚地区的泰国、印度尼西亚及马来西亚等国家；白缘鉠 *Liobagrus marginatus* 在国内仅分布于长江中上游，从本次调查的结果看，基本可以确定临安历史记录的白缘鉠为鳗尾鉠 *L. anguillicauda* 的错误鉴定；倒刺鲃 *Spinibarbus denticulatus* 国内分布于珠江与海南岛，《天目山动物志》中记录的临安分布的倒刺鲃应为刺鲃的错误鉴定；江西鳈 *Sarcocheilichthys kiangsiensis* 在国内主要分布于江西鄱阳湖水系，在钱塘江支流衢江段有少量分布，富春江流域几乎没有记录，且黑鳍鳈 *S. nigripinnis* 因体色多变，常被错误鉴定为江西鳈。这些历史记录的种类很有可能是物种错误鉴定所致的，在没有标本证明这些种类存在于临安区范围内之前，暂且不将它们计入本次调查的物种名录中。

此外，有一些物种的中文名使用了不规范的异体字，或拉丁学名拼写错误。对于此类书写错误问题，我们在名录整理过程中一并进行厘定。

临安区鱼类更新名录见表 3.6。

表 3.6 临安区鱼类更新名录

物种	被修订的历史记录	注释
一. 鳗鲡目 ANGUILLIFORMES		
（一）鳗鲡科 Anguillidae		
1.日本鳗鲡 *Anguilla japonica*		○
二. 颌针鱼目 BELONIFORMES		
（二）大颌鳉科 Adrianichthyidae		
2.中华青鳉 *Oryzias sinensis*		⊕
	青鳉 *Oryzias latipes*	⊖分类变更
（三）鱵科 Hemiramphidae		
3.间下鱵 *Hyporhamphus*		⊕
三. 鲱形目 CYPRINIFORMES		
（四）鳀科 Engraulidae		
4.刀鲚 *Coilia nasus*		⊕
四. 鲤形目 CYPRINIFORMES		
（五）鲤科 Cyprinidae		
5.中华细鲫 *Aphyocypris chinensis*		⊕
6.马口鱼 *Opsariichthys bidens*		⊕
7.长鳍马口鱼 *Opsariichthys evolans*		⊕
	宽鳍鱲 *Zacco platypus*	⊖鉴定错误
8.虹彩马口鱼 *Opsariichthys iridescens*		+新物种
9.刺颊鱲 *Zacco acanthogenys*		⊕
	宽鳍鱲 *Zacco platypus*	⊖分类变更
10.苕溪鱲 *Zacco tiaoxiensis*		临安新记录
11.黑线鳘 *Atrilinea roulei*		○
12.草鱼 *Ctenopharyngodon idella*		⊕
13.青鱼 *Mylopharyngodon piceus*		⊕
14.尖头鱥 *Rhynchocypris oxycephalus*	尖头鱥 *Phoxinus oxycephalus*	⊕分类变更

（续表）

物种	被修订的历史记录	注释
15.赤眼鳟 *Squaliobarbus curriculus*		⊕
16.红鳍鲌 *Culter alburnus*	红鳍鲌 *Chanodichthys erythropterus*	⊕分类变更
17.青梢原鲌 *Chanodichthys dabryi*		⊕
18.蒙古原鲌 *Chanodichthys mongolicus*	蒙古红鲌 *Erythroculter mongolicus*	⊕分类变更
19.翘嘴原鲌 *Chanodichthys erythropterus*	翘嘴鲌 *Erythroculter ilishaeformis*	⊕分类变更
20.贝氏䱗 *Hemiculter bleekeri*		⊕
21. 䱗 *Hemiculter leucisculus*		⊕
22.似鳊 *Toxabramis swinhonis*		⊕
23.大眼华鳊 *Sinibrama macrops*		⊕
24.鳊 *Parabramis pekinensis*		⊕
25.鲂 *Megalobrama mantschuricus*		⊕
26.似鳊 *Pseudobrama simoni*		⊕
27.圆吻鲴 *Distoechodon tumirostris*		⊕
28.黄尾鲴 *Xenocypris davidi*		⊕
29.银鲴 *Xenocypris macrolepis*	大鳞鲴 *Xenocypris macrolepis*	○书写错误
30.细鳞斜颌鲴 *Plagiognathops microlepis*	细鳞鲴 *Xenocypris macrolepis*	⊕书写错误
31.鳙 *Hypophthalmichthys nobilis*	鳙 *Aristichthys nobilis*	⊕分类变更
32.鲢 *Hypophthalmichthys molitrix*		⊕
33.短须鱊 *Acheilognathus barbatulus*		⊕
34.兴凯鱊 *Acheilognathus chankaensis*		⊕
35.大鳍鱊 *Acheilognathus macropterus*		⊕
36.无须鱊 *Acheilognathus gracilis*		○
37.彩副鱊 *Acheilognathus imberbis*		⊕
38.斜方鱊 *Acheilognathus rhombeus*		+浙江新记录
39.齐氏副田中鰟鲏 *Paratanakia chii*		⊕
	革条副鱊 *Paracheilognathus himantegus*	⊖分类变更
40.方氏鰟鲏 *Rhodeus fangi*		⊕
41.高体鰟鲏 *Rhodeus ocellatus*		⊕
42.中华鰟鲏 *Rhodeus sinensis*		⊕
43.棒花鱼 *Abbottina rivularis*		⊕
44.似鮈 *Belligobio nummifer*		○
45.细纹颌须鮈 *Gnathopogon taeniellus*		⊕
46.花鲭 *Hemibarbus maculatus*		⊕
47.唇鲭 *Hemibarbus labeo*		⊕
48.长吻鲭 *Hemibarbus longirostris*		⊕
49.张氏小鳔鮈 *Microphysogobio zhangi*		+浙江新记录
	福建小鳔鮈 *Microphysogobio fukiensis*	⊖分类变更
	福建棒花鱼 *Abbottina fukiensis*	⊖分类变更
50.建德小鳔鮈 *Microphysogobio tafangensis*		⊕
51.胡鮈 *Huigobio chenhsienensis*		⊕
52.麦穗鱼 *Pseudorasbora parva*		⊕
53.黑鳍鳈 *Sarcocheilichthys nigripinnis*	江西鳈鱼 *Sarcocheilichthys kiangsiensis*	⊕鉴定错误

（续表）

物种	被修订的历史记录	注释
54.小鳈 *Sarcocheilichthys parvus*		⊕
55.华鳈 *Sarcocheilichthys sinensis*		⊕
56.银鮈 *Squalidus argentatus*		⊕
57.点纹银鮈 *Squalidus wolterstorffi*	点纹颌须鮈 *Gnathopogon wolterstorffi*	⊕分类变更
58.似鮈 *Pseudogobio vaillanti*		⊕
59.董氏鰍鮀 *Gobiobotia tungi*		○
60.鲫 *Carassius carassius*		⊕
61.鲤 *Cyprinus rubrofuscus*		⊕
	鲤 *Cyprinus carpio*	⊖分类变更
62.光唇鱼 *Acrossocheilus fasciatus*	厚唇鱼 *Acrossocheilus labiatus*	⊕分类变更
63.刺鲃 *Spinibarbus caldwelli*		⊕
	倒刺鲃 *Spinibarbus denticulatus*	⊖鉴定错误
	光倒刺鲃 *Spinibarbus hollandi*	⊖分类变更
64.台湾白甲鱼 *Onychostoma barbatulum*		⊕
65.短鳍花鳅 *Cobitis brevipinna*		⊕
66.须斑花鳅 *Cobitis fimbriata*		○
67.浙江花鳅 *Cobitis zhejiangensis*		⊕
	中华花鳅 *Cobitis sinensis*	⊖分类变更
65.短鳍花鳅 *Cobitis brevipinna*		⊕
（六）花鳅科 **Cobitidae**		
65.短鳍花鳅 *Cobitis brevipinna*		⊕
66.须斑花鳅 *Cobitis fimbriata*		○
67.浙江花鳅 *Cobitis zhejiangensis*		⊕
	中华花鳅 *Cobitis sinensis*	⊖分类变更
68.泥鳅 *Misgurnus anguillicaudatus*		⊕
69.大鳞副泥鳅 *Paramisgurnus dabryanus*		⊕
（七）沙鳅科 **Cobitidae**		
70.张氏薄鳅 *Leptobotia tchangi*		⊕
71.圆尾薄鳅 *Leptobotia rotundilobus*		+浙江新记录
	天台扁尾薄鳅 *Leptobotia tientainensis*	⊖分类变更
	扁尾薄鳅 *Leptobotia compressicauda*	⊖鉴定错误
（八）腹吸鳅科 **Gastromyzontidae**		
72.原缨口鳅 *Vanmanenia stenosoma*		⊕
五.银汉鱼目 **OSMERIFORMES**		
（九）银鱼科 **Salangidae**		
73.陈氏新银鱼 *Neosalanx tangkahkeii*		⊕
六.鲈形目 **PERCIFORMES**		
（十）鳜科 **Sinipercidae**		
74.刘氏少鳞鳜 *Coreoperca liui*		○
	中国少鳞鳜 *Coreoperca whiteheadi*	⊖分类变更
75.翘嘴鳜 *Siniperca chuatsi*		⊕
76.大眼鳜 *Siniperca kneri*		○

（续表）

物种	被修订的历史记录	注释
77.斑鳜 *Siniperca scherzeri*		⊕
78.波纹鳜 *Siniperca undulata*		○
（十一）沙塘鳢科 **Odontobutidae**		
79.小黄黝鱼 *Micropercops swinhonis*		⊕
80.河川沙塘鳢 *Odontobutis potamophila*		⊕
（十二）虾虎鱼科 **Gobiidae**		
81.子陵吻虾虎鱼 *Rhinogobius giurinus*		⊕
82.雀斑吻虾虎鱼 *Rhinogobius lentiginis*		⊕
83.波氏吻虾虎鱼 *Rhinogobius cliffordpopei*		⊕
84.密点吻虾虎鱼 *Rhinogobius multimaculatus*		⊕
85.黑体吻虾虎鱼 *Rhinogobius niger*		⊕
86.无斑吻虾虎鱼 *Rhinogobius immaculatus*		⊕
87.戴氏吻虾虎鱼 *Rhinogobius davidi*		⊕
88.武义吻虾虎鱼 *Rhinogobius wuyiensis*		⊕
（十三）斗鱼科 **Osphronemidae**		
89.圆尾斗鱼 *Macropodus chinensis*		⊕
（十四）鳢科 **Channidae**		
90.乌鳢 *Channa argus*		⊕
91.月鳢 *Channa asiatica*		○
七.鲇形目 **SILURIFORMES**		
（十五）钝头鮠科 **Amblycipitidae**		
92.鳗尾鮡 *Liobagrus anguillicauda*		⊕
（十六）鲿科 **Bagridae**		
93.圆尾拟鲿 *Tachysurus tenuis*	圆尾拟鲿 *Pseudobagrus tenuis*	○分类变更
	长鮠鱼 *Leiocassis tenuis*	⊖分类变更
94.黄颡鱼 *Tachysurus sinensis*		⊕
	黄颡鱼 *Pelteobagrus fulvidraco*	⊖分类变更
	黄颡鱼 *Tachysurus fulvidraco*	⊖分类变更
95.瓦氏拟鲿 *Tachysurus vachelli*		⊕
96.光泽拟鲿 *Tachysurus nitidus*	光泽拟鲿 *Pseudobagrus nitidus*	⊕分类变更
97.盎堂拟鲿 *Tachysurus ondon*	盎堂拟鲿 *Pseudobagrus ondon*	⊕分类变更
98.白边拟鲿 *Tachysurus albomarginatus*		⊕
99.大鳍半鲿 *Hemibagrus macropterus*		⊕
（十七）鲇科 **Siluridae**		
100.鲇 *Silurus asotus*	鲶 *Silurus asotus*	⊕书写错误
101.大口鲇 *Silurus meridionalis*	南方大口鲶 *Silurus meridionalis*	○书写错误
（十八）鮡科 **Sisoridae**		
102.福建纹胸鮡 *Glyptothorax fokiensis*	福建纹胸鮡 *Glyptothorax fukiensis*	○书写错误
八.合鳃鱼目 **SYNBRANCHIFORMES**		
（十九）刺鳅科 **Mastacembelidae**		
103.黄鳝 *Monopterus albus*		⊕

（续表）

物种	被修订的历史记录	注释
（二十）合鳃鱼科 Synbranchidae		
104.中华刺鳅 Sinobdella sinensis		⊕
	刺鳅 Mastacembelus aculeatus	⊖鉴定错误

注：注释中，"⊕"表示历史记录存在且本次调查采集到的物种；"〇"表示历史记录存在，但本次调查未采集到的物种；"⊖"表示历史记录存在但本名录不予收录的物种；"+"表示新记录的物种；"鉴定错误"表示鉴定错误的物种；"分类变更"表示分类变更的物种；"书写错误"表示历史记录存在书写错误的物种；"临安新记录"表示本名录在临安区范围内新增分布的物种；"浙江新记录"表示本名录在浙江省范围内新增分布的物种；"新物种"表示已在学术期刊发表的新物种。

3.6.3 未采集到的物种

本次调查工作中，尚有日本鳗鲡、黑线𩾃、银鮈、无须鱊、似鱎、董氏鮠鲨、须斑花鳅、刘氏少鳞鳜、大眼鳜、波纹鳜、月鳢、圆尾拟鲿、大口鲇、福建纹胸鳅等 14 种鱼类未能采集到标本，或近期未能获得可靠的分布凭证。

日本鳗鲡野外没有采集到标本，仅在农贸市场发现，且来源为人工驯养，究其原因，可能是各级水电站筑坝，阻断了其洄游通道。

黑线𩾃与董氏鮠鲨消失的原因可能是水坝建设和挖沙导致这些种类适宜的沙底溪流环境栖息地和繁殖场丧失。

其他物种在本次调查中未能采集到的原因可能是这几个物种属于边缘分布，在临安境内本就资源匮乏，难以采集到标本。

参考文献

Akai Y, Arai R. *Rhodeus sinensis*, a senior synonym of *R. lighti* and *R. uyekii* (Acheilognathinae, Cyprinidae). Ichthyological Research, 1998, 45: 105-110.

Banarescu P M. The status of some nominal genera of Eurasian Cyprinidae (Osteichthyes, Cypriniformes). Revue Roumaine de Biologie, Série de Biologie Animale, 1997, 42: 19-30.

Bogutskaya N G, Naseka A M. Catalogue of agnathans and fishes of fresh and brackish waters of Russia with comments on nomenclature and taxonomy. Moscow: KMK Scientific Press Ltd., 2004.

Chen Y X, He D K, Chen H, et al. Taxonomic study of the genus *Niwaella* (Cypriniformes: Cobitidae) from East China, with description of four new species. Zoological Systematics, 2017, 42(4): 490-507.

Huang S P, Zhao Y H, Chen L S, et al. A new species of *Microphysogobio* (Cypriniformes: Cyprinidae) from Guangxi Province, southern China. Zoological Studies, 2017, 56(8): 1-26.

IUCN. The IUCN red list of threatened species[EB/OL]. [2023-08-27]. https://www.iucnredlist.org.

Kottelat M. Fishes of Mongolia: A check-list of the fishes known to occur in Mongolia with comments on systematics and nomenclature. Washington DC: World Bank, 2006.

Kottelat M. The fishes of the inland waters of Southeast Asia: A catalogue and core bibliography of the fishes known to occur in freshwaters, mangroves and estuaries. Raffles Bulletin of Zoology, 2013, 27: 1-663.

Ku X Y, Peng Z G, Diogo R, et al. MtDNA phylogeny provides evidence of generic polyphyleticism for East Asian bagrid catfishes. Hydrobiologia, 2007, 579: 147-159.

Li F, Li S, Chen J K. Rhinogobius immaculatus, a new species of freshwater goby (Teleostei: Gobiidae) from the Qiantang River, China. Zoological Research, 2018, 39(6): 396-405.

Ng H H, Freyhof J. Pseudobagrus nubilosus, a new species of catfish from central Vietnam (Teleostei: Bagridae), with notes on the validity of *Pelteobagrus* and *Pseudobagrus*. Ichthyological . Exploration of Freshwaters, 2007, 18: 9-16.

Ng H H, Kottelat M. The identity of *Tachysurus sinensis* Lacepede, 1803, with the designation of a neotype (Teleostei: Bagridae) and notes on the identity of *T. fulvidraco* (Richardson, 1845). Electronic Journal of Ichthyology, 2007, 3: 35-54.

Peng X, Zhou J J, Gao D H, et al. A new species of *Opsariichthys* (Teleostei, Cypriniformes, Xenocyprididae) from Southeast China.[J]. Zookeys, 2024, 1214(1214): 15-34.

Tang Q Y, Liu H Z, Yang X P, et al. Molecular and morphological data suggest that *Spinibarbus caldwelli* (Nichols) (Teleostei: Cyprinidae) is a valid species. Ichthyological Research, 2005, 52: 77-82.

Wang X, Liu F, Yu D, et al. Mitochondrial divergence suggests unexpected high species diversity in the opsariichthine fishes (Teleostei: Cyprinidae) and the revalidation of *Opsariichthys macrolepis*. Ecology and Evolution, 2019, 9: 2664-2677.

Yuan L Y, Zhang E. Type locality and identity of *Acrossocheilus kreyenbergii* (Regan, 1908), a senior synonym of *Acrossocheilus cinctus* (Lin, 1931) (Teleostei: Cyprinidae). Zootaxa, 2010, 2684: 36-44.

曹亮, 梁旭方. 中国浙江少鳞鳜属一新种（鲈形目, 鮨科, 鳜亚科）. 动物分类学报, 2013, 38(4): 891-894.

曹文宣. 长江鱼类资源的现状与保护对策. 江西水产科技, 2011(2):1-4.

陈宜瑜, 等. 中国动物志·硬骨鱼纲·鲤形目（中卷）. 北京: 科学出版社, 1998.

褚新洛, 陈银瑞. 云南鱼类志（上册）. 北京: 科学出版社, 1989.

褚新洛, 郑葆珊, 戴定远, 等. 中国动物志·硬骨鱼纲·鲇形目. 北京: 科学出版社, 1999.

丁平, 童彩亮, 翁东明. 浙江清凉峰生物多样性研究. 北京: 中国林业出版社, 2020.

国家林业和草原局, 农业农村部. 国家林业和草原局 农业农村部公告（2021 年第 3 号）（国家重点保护野生动物名录）[EB/OL].(2021-02-01)[2024-03-08]. https://www.forestry.gov.cn/lyj/1/gkgfxwj/20210201/546057.html.

乐佩奇, 等. 中国动物志·硬骨鱼纲·鲤形目（下卷）. 北京: 科学出版社, 2000.

生态环境部, 中国科学院. 关于发布《中国生物多样性红色名录—脊椎动物卷（2020）》和《中国生物多样性红色名录—高等植物卷（2020）》的公告[EB/OL].(2023-05-22)[2024-03-08]. https://www.mee.gov.cn/xxgk2018/xxgk/xxgk01/202305/t20230522_1030745.html.

王生, 段辛斌, 陈文静, 等. 鄱阳湖湖口鱼类资源现状调查. 淡水渔业, 2016, 46(6): 50-55.

吴鸿, 鲁庆彬, 杨淑贞. 天目山动物志（第十一卷）. 杭州: 浙江大学出版社, 2021.

伍汉霖, 钟俊生, 等. 中国动物志·硬骨鱼纲·鲈形目（五）·虾虎鱼亚目. 北京: 科学出版社, 2008.

徐卫南, 王义平. 临安珍稀野生动物图鉴. 北京: 中国农业科学技术出版社, 2018.

杨富亿, 文波龙, 李晓宇, 等. 吉林莫莫格国家级自然保护区鱼类多样性监测. 湿地科学, 2022, 20(4): 453-474.

易伯鲁, 朱志荣. 中国的鲌属和红鲌属鱼类的研究. 水生生物学集刊, 1959(2): 170-199.

张春光, 赵亚辉. 中国内陆鱼类物种与分布. 北京: 科学出版社, 2016.

张鹗, 曹文宣. 中国生物多样性红色名录·脊椎动物·第五卷 淡水鱼类（上、下）. 北京: 科学出版社, 2021.

张琰, 周佳俊, 杨金权. 中国南部鱲属鱼类一新种（鲤形目，鲤科）. 上海海洋大学学报, 2023, 32(3): 544-552.

浙江动物志编辑委员会. 浙江动物志·淡水鱼类. 杭州: 浙江科学技术出版社, 1991.

朱兰, 俞丹, 刘焕章. 中国北方鱲属鱼类一新种——中华鱲（鲤形目:鲤科）. 四川动物, 2020, 39(2): 168-176.

第 4 章 两栖类资源

4.1 调查路线和时间

调查组根据两栖类繁殖期的时间特征，在每年 3 月中下旬到 5 月上旬开展繁殖期调查，在 6—9 月开展非繁殖期调查；并依据两栖类动物多具夜行性的生活习性，调查主要选择在日落前 0.5h 至日落后 4h 进行，并在白天其他时间进行部分补充调查，尽可能使调查覆盖到更多物种。

调查方法主要以样线法为主，并以历史文献资料作为补充依据。样线的布设兼顾溪流河谷、静水池塘、水田等多类生境，以尽可能覆盖临安区所有生境类型及海拔梯度、植被类型等。具体样线如图 4.1 及图 4.2 所示。

图 4.1 临安区两栖类调查样线图

4.2 调查方法和物种鉴定

调查期间，利用头灯、手电等照明工具沿样线观察并听辨两栖类物种鸣声等，对观察到的物种进行物种识别、拍照记录，利用 GPS 定位仪记录具体经纬度坐标，并记录周围环境因子信息，包括海拔、生境、植被类型等。

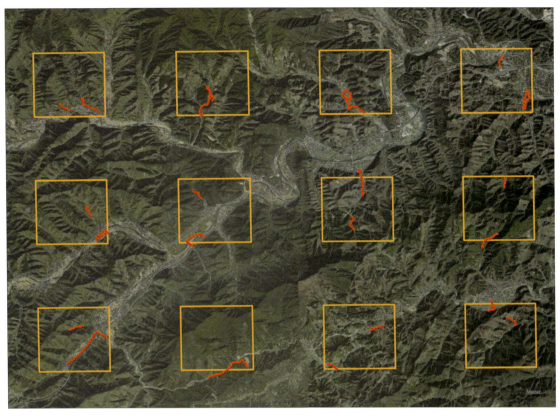

图 4.2 临安区两栖类调查样线部分细节图

物种鉴定依据《中国两栖动物检索及图解》《中国两栖动物彩色图鉴》《浙江动物志·两栖类 爬行类》《浙江省清凉峰生物多样性研究》《天目山动物志（第十一卷）》等专著，以及专业性网站数据（中国两栖类，http://www.amphibiachina.org/），并咨询相关类群的专家学者。

有选择性地采集两栖类个体标本，用于测定形态数据和分子信息。量度采用电子数显游标卡尺，精确到 0.1mm。标本先以 10%福尔马林溶液固定，回到室内后用清水冲洗，最终用 75%乙醇溶液保存。对于省级以上新记录或存疑物种，在福尔马林溶液固定前进行肝脏取样，用于后续的基因测序鉴定（DNA 条形码技术）。

4.3 物种多样性

4.3.1 物种组成

根据本次调查结果，并结合历史文献数据，共确认临安区分布两栖类物种 35 种（表4.1），分属 2 目 9 科 21 属。其中，有尾目 2 科 5 种，无尾目 7 科 30 种。35 种两栖类中，蛙科物种种类最为丰富，达到 13 种，占临安区两栖类总种数的 37.14%。

义乌小鲵、中国瘰螈、挂墩角蟾、三港雨蛙、无斑雨蛙、华南湍蛙、沼水蛙、虎纹蛙、九龙棘蛙、花姬蛙在临安有历史记录，但本次调查未发现。

表 4.1 临安区两栖类物种组成

物种	保护等级	中国特有种	CRLB	IUCN	本次调查	历史文献
有尾目 Caudata						
小鲵科 Hynobiidae						
1.安吉小鲵 *Hynobius amjiensis*	国家一级	√	CR	EN	√	L/Q/T
2.义乌小鲵 *Hynobius yiwuensis*	国家二级	√	EN	LC		L
蝾螈科 Salamandridae						
3.秉志肥螈 *Pachytriton granulosus*		√	NT	LC	√	L/Q/T
4.中国瘰螈 *Paramesotriton chinensis*	国家二级	√	NT	LC		L/Q/T
5.东方蝾螈 *Cynops orientalis*		√	NT	LC	√	L/Q/T
无尾目 Anura						
角蟾科 Megophryidae						
6.淡肩角蟾 *Boulenophrys boettgeri*	三有	√	LC	LC	√	Q/T
7.挂墩角蟾 *Boulenophrys kuatunensis*	三有	√	LC	LC		Q
蟾蜍科 Bufonidae						
8.中华蟾蜍 *Bufo gargarizans*	三有		LC	LC	√	Q/T
雨蛙科 Hylidae						
9.中国雨蛙 *Hyla chinensis*			LC	LC	√	L/Q/T
10.三港雨蛙 *Hyla sanchiangensis*		√	LC	LC		L/Q
11.无斑雨蛙 *Hyla immaculata*		√	LC	LC		L
蛙科 Ranidae						
12.镇海林蛙 *Rana zhenhaiensis*		√	LC	LC	√	Q/T
13.华南湍蛙 *Amolops ricketti*			LC	LC	√	Q/T
14.武夷湍蛙 *Amolops wuyiensis*		√	LC	LC	√	
15.孟闻琴蛙 *Nidirana mangveni*		√	LC	NE	√	Q/T
16.天台粗皮蛙 *Glandirana tientaiensis*		√	VU	LC	√	L/Q
17.沼水蛙 *Hylarana guentheri*			LC	LC		L/Q
18.阔褶水蛙 *Hylarana latouchii*		√	LC	LC	√	Q/T
19.小竹叶蛙 *Odorrana exiliversabilis*		√	NT	LC	√	Q/T
20.大绿臭蛙 *Odorrana graminea*			LC	LC	√	L/Q
21.天目臭蛙 *Odorrana tianmuii*		√	LC	LC	√	L/Q/T
22.凹耳臭蛙 *Odorrana tormota*		√	LC	LC	√	L/T
23.金线侧褶蛙 *Pelophylax plancyi*			NT	LC	√	Q/T
24.黑斑侧褶蛙 *Pelophylax nigromaculatus*		√	NT	NT	√	Q/T
叉舌蛙科 Dicroglossidae						
25.虎纹蛙 *Hoplobatrachus chinensis*	国家二级		EN	LC		L/T
26.泽陆蛙 *Fejervarya multistriata*			LC	DD	√	Q/T
27.小棘蛙 *Quasipaa exilispinosa*		√	VU		√	
28.九龙棘蛙 *Quasipaa jiulongensis*		√	VU	VU		L/Q
29.棘胸蛙 *Quasipaa spinosa*		√	VU	VU	√	L/Q/T
树蛙科 Rhacophoridae						
30.布氏泛树蛙 *Polypedates braueri*	三有		LC	LC	√	
31.斑腿泛树蛙 *Polypedates megacephalus*	三有		LC	LC		L/Q/T

（续表）

物种	保护等级	中国特有种	CRLB	IUCN	本次调查	历史文献
32.大树蛙 *Zhangixalus dennysi*	三有 省重点		LC	LC	√	L/Q/T
姬蛙科 Microhylidae						
33.饰纹姬蛙 *Microhyla fissipes*			LC	LC	√	Q/T
34.小弧斑姬蛙 *Microhyla heymonsi*			LC	LC	√	Q/T
35.花姬蛙 *Microhyla pulchra*			LC	LC		Z

注：历史文献中，"L"表示《临安珍稀野生动物图鉴》，"Q"表示《浙江清凉峰生物多样性研究》，"T"表示《天目山动物志》，"Z"表示《中国动物志》。下同。

4.3.2 调查新发现

在历史记录的基础上，本次调查共发现临安区两栖类分布新记录 1 种，即小棘蛙，属于临安新记录。

4.3.3 种群数量估算

因部分物种在本次调查中未观察到，为保证种群数量数据的可靠性，两栖类种群数量估算时仅计算调查到且调查记录次数大于 10 次的物种（表 4.2）。

表 4.2 临安区部分两栖类种群数量估算

物种	探测次数	密度/（只/km²）	数量/万只
斑腿泛树蛙	33	59.28	18.54
秉志肥螈	22	204.18	63.84
布氏泛树蛙	58	126.61	39.59
大绿臭蛙	11	21.22	6.64
大树蛙	35	27.08	8.47
淡肩角蟾	60	223.21	69.8
孟闻琴蛙	14	30.01	9.38
黑斑侧褶蛙	44	51.96	16.25
棘胸蛙	76	158.08	49.43
阔褶水蛙	53	82.70	25.86
饰纹姬蛙	36	281.76	88.10
天目臭蛙	285	1531.00	478.71
武夷湍蛙	211	966.03	302.06
小弧斑姬蛙	51	587.67	183.75
泽陆蛙	346	2587.78	809.15
镇海林蛙	30	66.60	20.82
中华蟾蜍	161	303.71	94.96

4.4 生态类型和优势种

如表 4.3 所示，临安区两栖类物种以流水型和陆栖-静水型为主，占临安区两栖类物种数的 62.86%，优势种为天目臭蛙和泽陆蛙。临安区中部至东部地区地势较为平坦，为流水型和陆栖-静水型两栖类提供了良好的生存繁殖空间。树栖型和陆栖-流水型两栖类次之，占临安区两栖类物种数的 31.43%，优势种为布氏泛树蛙和淡肩角蟾，主要分布于临安区的大小溪流及溪流沿岸的竹林、阔叶林中，分布广泛。静水型两栖类最少，占临安区两栖类物种数的 5.71%，优势种为孟闻琴蛙，多分布于平原水塘河道两岸植物茂密处，昼伏夜出，较难观察。

表 4.3 临安区两栖类生态类型与丰富度

物种	生态类型	丰富度
有尾目 Caudata		
小鲵科 Hynobiidae		
1.安吉小鲵 *Hynobius amjiensis*	TQ	+
2.义乌小鲵 *Hynobius yiwuensis*	TQ	/
蝾螈科 Salamandridae		
3.秉志肥螈 *Pachytriton granulosus*	R	++
4.中国瘰螈 *Paramesotriton chinensis*	TR	/
5.东方蝾螈 *Cynops orientalis*	TQ	+
无尾目 Anura		
角蟾科 Megophryidae		
6.淡肩角蟾 *Boulenophrys boettgeri*	TR	++++
7.挂墩角蟾 *Boulenophrys kuatunensis*	TR	/
蟾蜍科 Bufonidae		
8.中华蟾蜍 *Bufo gargarizans*	TQ	++++
雨蛙科 Hylidae		
9.中国雨蛙 *Hyla chinensis*	A	++
10.三港雨蛙 *Hyla sanchiangensis*	A	/
11.无斑雨蛙 *Hyla immaculata*	A	/
蛙科 Ranidae		
12.镇海林蛙 *Rana zhenhaiensis*	TQ	+++
13.华南湍蛙 *Amolops ricketti*	R	/
14.武夷湍蛙 *Amolops wuyiensis*	R	+++
15.孟闻琴蛙 *Nidirana mangveni*	Q	++++
16.天台粗皮蛙 *Glandirana tientaiensis*	TR	++
17.沼水蛙 *Hylarana guentheri*	TQ	/
18.阔褶水蛙 *Hylarana latouchii*	TQ	+++
19.小竹叶蛙 *Odorrana exiliversabilis*	R	+
20.大绿臭蛙 *Odorrana graminea*	R	++
21.天目臭蛙 *Odorrana tianmuii*	R	++++
22.凹耳臭蛙 *Odorrana tormota*	TR	++

（续表）

物种	生态类型	丰富度
23.金线侧褶蛙 *Pelophylax plancyi*	Q	++
24.黑斑侧褶蛙 *Pelophylax nigromaculatus*	TQ	+++
叉舌蛙科 **Dicroglossidae**		
25.虎纹蛙 *Hoplobatrachus chinensis*	TQ	/
26.泽陆蛙 *Fejervarya multistriata*	TQ	++++
27.小棘蛙 *Quasipaa exilispinosa*	R	+
28.九龙棘蛙 *Quasipaa jiulongensis*	R	/
29.棘胸蛙 *Quasipaa spinosa*	R	+++
树蛙科 **Rhacophoridae**		
30.布氏泛树蛙 *Polypedates braueri*	A	++++
31.斑腿泛树蛙 *Polypedates megacephalus*	A	++
32.大树蛙 *Zhangixalus dennysi*	A	++
姬蛙科 **Microhylidae**		
33.饰纹姬蛙 *Microhyla fissipes*	TQ	+++
34.小弧斑姬蛙 *Microhyla heymonsi*	TQ	+++
35.花姬蛙 *Microhyla pulchra*	TQ	/

注：①生态类型中，"A"表示树栖型，"Q"表示静水型，"R"表示流水型，"TQ"表示陆栖-静水型，"TR"表示陆栖-流水型。下同。

②丰富度中，"＋＋＋＋"表示优势种；"＋＋＋"表示常见种；"＋＋"表示偶见种；"＋"表示罕见种。

4.5 区系和分布特征

临安区两栖类物种中，广布种有 4 种，分别为中华蟾蜍、泽陆蛙、金线侧褶蛙和黑斑侧褶蛙，占临安区两栖类物种数的 11.43%；华中华南西南区物种有 4 种，分别为中国雨蛙、沼水蛙、饰纹姬蛙、小弧斑姬蛙，占临安区两栖类物种数的 11.43%；华中华南区物种有14种，分别为中国瘰螈、淡肩角蟾、三港雨蛙、无斑雨蛙、华南湍蛙、阔褶水蛙、大绿臭蛙、虎纹蛙、小棘蛙、棘胸蛙、布氏泛树蛙、斑腿泛树蛙、大树蛙、花姬蛙，占临安区两栖类物种数的 40.00%；华中区物种有 13 种，分别为安吉小鲵、义乌小鲵、东方蝾螈、秉志肥螈、挂墩角蟾、镇海林蛙、武夷湍蛙、孟闻琴蛙、天台粗皮蛙、小竹叶蛙、天目臭蛙、凹耳臭蛙、九龙棘蛙，占临安区两栖类物种数的 37.14%。

4.6 珍稀濒危及中国特有种

4.6.1 珍稀濒危两栖类概况

本次调查发现，临安分布多种珍稀濒危两栖类物种。根据《国家重点保护野生动物名录》（2021）、《浙江省重点保护陆生野生动物名录（征求意见稿）》（2023），临安区两栖类中，国家一级重点保护野生动物有 1 种，即安吉小鲵；国家二级重点保护野生动物有 3 种，即义乌小鲵、中国瘰螈和虎纹蛙；浙江省重点保护陆生野生动物仅 1 种，即大树蛙；有重要生态、科学、社会价值的陆生野生动物 6 种，即中华蟾蜍、淡肩角蟾、挂墩角蟾、大树蛙斑、布氏泛树蛙和腿泛树蛙。

根据《中国生物多样性红色名录》，临安区两栖类中，极危（CR）物种有 1 种，即安吉小鲵；濒危（EN）物种有 2 种，即虎纹蛙和义乌小鲵；易危（VU）物种有 4 种，分别为小棘蛙、九龙棘蛙、棘胸蛙和天台粗皮蛙。

根据《IUCN 红色名录》，临安区两栖类中，濒危（EN）物种有 1 种，为安吉小鲵；易危（VU）物种有 2 种，即九龙棘蛙、棘胸蛙。

根据 CITES 附录 Ⅰ、附录 Ⅱ 和附录Ⅲ（2023），临安区两栖类中，被列入附录Ⅱ的有 1 种，即中国瘰螈；被列入附录Ⅲ的有 1 种，即安吉小鲵。

4.6.2 中国特有种

临安区两栖类中，中国特有种有 21 种，占临安区两栖类物种的 60.0%。其中，小鲵科 2 种，即安吉小鲵和义乌小鲵；瘰螈科 3 种，分别为中国瘰螈、东方蝾螈、秉志肥螈；角蟾科 2 种，即淡肩角蟾和挂墩角蟾；雨蛙科 2 种，即无斑雨蛙和中国雨蛙；蛙科 9 种，分别是镇海林蛙、武夷湍蛙、孟闻琴蛙、天台粗皮蛙、阔褶水蛙、小竹叶蛙、天目臭蛙、凹耳臭蛙、黑斑侧褶蛙；叉舌蛙科 3 种，分别是小棘蛙、九龙棘蛙和棘胸蛙。

4.7 历史记录厘定

对《天目山动物志》《浙江清凉峰生物多样性研究》《临安珍稀野生动物图鉴》及其他历史资料中临安区两栖类名录进行整理，并综合本次调查成果，做出以下调整。

1."无斑雨蛙"

本次调查工作中未能采集到标本或获得可靠的近期分布凭证。在浙江大学标本室发现了 1955 年采集于临安的标本，但前往记录中的采样地反复调查，都未能重新采集到标本。该物种生活于山区稻田中、田埂边及农作物秆上、灌木枝叶上，推测随着农药、化肥等化学物质的过度使用，该物种的栖息环境遭到严重破坏，使得物种减少甚至消失。但目前还没有明确证据确认该物种在临安区完全消失，故暂时保留于名录中。

2."弹琴蛙"修订为"孟闻琴蛙"

Lyu 等 2020 年通过分子生物学技术的研究结果显示，此前浙江北部的孟闻琴蛙 *Nidirana mangveni* 被错误鉴定为弹琴蛙 *Nidirana adenopleura*。

3. "华南湍蛙"

吴孝友 2016 年的研究结果显示，天目山山脉存在湍蛙属物种武夷湍蛙，该物种与华南湍蛙在形态上极其相似，此前临安区历史资料记载的华南湍蛙很有可能是武夷湍蛙的错误鉴定，但也无法排除华南湍蛙在临安区有分布，故将两者都保留于名录中。

4. "花臭蛙"修正为"天目臭蛙"

李寒玉等 2017 年基于形态学和 mtDNA 序列分析显示，浙江、安徽、江苏、江西（三清山、彭泽）花臭蛙与湖北宜昌种群的遗传距离为 0.067～0.069，与黄岗臭蛙的遗传距离为0.027～0.029，与天目臭蛙的遗传距离仅为 0.000～0.001。因此，将长江中下游及以南、江南丘陵东段的安徽南部、江苏、浙江、江西东北部信江以北（怀玉山）、鄱阳湖以东的低山丘陵地带原记录中的花臭蛙修订为天目臭蛙。

5. "九龙棘蛙"

本次调查工作中未能采集到标本。浙江北部与该物种的传统分布区域不符合，临安的记录可供核实的缺乏凭证标本，很有可能是棘胸蛙错误鉴定所致，但在没有确切证明该物种不存在于临安区范围内之前，暂时保留于名录中。

6. "布氏泛树蛙"

Pan 等 2013 年的研究结果显示，浙江分布的 *Polypedates* 为 *P. braueri* 物种，但张永普通过分子技术证实在浙江温州确有 *P. megacephalus* 存在，本次调查所采集的标本因未做有关分子技术实验，且两者从形态上难以区分，故暂时将两者保留于名录中。

7. "花姬蛙"

本次调查工作中，未能采集到标本。在《中国动物志·两栖纲》中，阐述了该物种在浙江天目山有分布，但前往记录的采样地反复调查，都未能重新采集到标本。该物种虽乏凭证标本可供核实，但在没有证实该物种不存在于临安区范围内之前，暂时保留于名录中。

参考文献

IUCN. The IUCN red list of threatened species[EB/OL]. [2023-08-27]. https://www.iucnredlist.org.

Lyu Z T, Dai K Y, Li Y, et al. Comprehensive approaches reveal three cryptic species of genus *Nidirana* (Anura, Ranidae) from China. Zookeys, 2020, 914: 127.

Pan S, Dang N, Wang J S, et al. Molecular phylogeny supports the validity of *Polypedates impresus* Yang 2008. Asian Herpetological Research, 2013, 4(2): 124-133.

陈炼, 吴琳, 王启菲, 等. DNA 条形码及其在生物多样性研究中的应用. 四川动物, 2016, 35(6): 942-949.

丁平, 童彩亮, 翁东明. 浙江清凉峰生物多样性研究. 北京: 中国林业出版社, 2020.

费梁, 等. 中国动物志·两栖纲（下卷）·无尾目 蛙科. 北京: 科学出版社, 2009.

费梁, 等. 中国动物志·两栖纲（中卷）·无尾目. 北京: 科学出版社, 2009.

费梁, 胡淑琴, 叶昌媛. 中国动物志·两栖纲（上卷）·总论 蚓螈目 有尾目. 北京: 科学出版社, 2006.

费梁, 叶昌媛, 江建平. 中国两栖动物彩色图鉴. 成都: 四川科学技术出版社, 2010.

费梁. 中国两栖动物检索及图解. 成都: 四川科学技术出版社, 2005.

国家濒管办. 中华人民共和国濒危物种进出口管理办公室公告（2023 年第 1 号）[EB/OL]. (2023-02-23)[2024-03-08]. http://www.forestry.gov.cn/main/4461/20230223/143021752206358.html.

国家林业和草原局. 有重要生态、科学、社会价值的陆生野生动物名录（公告 2023 年第 17 号）[EB/OL]. (2023-06-30)[2024-03-08]. https://www.forestry.gov.cn/c/www/gkzfwj/509750.jhtml.

国家林业和草原局, 农业农村部. 国家林业和草原局 农业农村部公告（2021 年第 3 号）（国家重点保护野生动物名录）[EB/OL].(2021-02-01)[2024-03-08]. https://www.forestry.gov.cn/lyj/1/gkgfxwj/ 20210201/546057.html.

黄世国, 方卫军, 周卫青, 等. 淳安县两栖和爬行动物资源调查与多样性分析. 浙江林业科技, 2023, 43(5): 11-18.

江建平, 谢锋. 中国生物多样性红色名录·脊椎动物·第四卷 两栖动物（上、下）. 北京: 科学出版社, 2021.

李寒玉, 陈卓, 朱艳军, 等. 华东四省天目臭蛙分类修订及分布格局. 四川动物, 2017, 36(2): 131-138.

刘雨松. DNA 条形码在喇叭河和瓦屋山两栖爬行类物种多样性调查中的应用研究. 雅安: 四川农业大学, 2017.

生态环境部, 中国科学院. 关于发布《中国生物多样性红色名录—脊椎动物卷（2020）》和《中国生物多样性红色名录—高等植物卷（2020）》的公告[EB/OL].(2023-05-22)[2024-03-08]. https://www.mee.gov.cn/xxgk2018/xxgk/xxgk01/202305/t20230522_1030745.html.

吴鸿, 鲁庆彬, 杨淑贞. 天目山动物志（第十一卷）. 杭州: 浙江大学出版社, 2021.

吴孝友. 基于线粒体 Cytb 基因探讨武夷湍蛙的种群遗传结构及系统地理学研究. 芜湖: 安徽师范大学, 2016.

邢超, 林侬, 周智强, 等. 基于 DNA 条形码技术构建王朗国家级自然保护区陆生脊椎动物遗传资源数据库及物种鉴定. 生物多样性, 2023, 31(7): 87-99.

熊姗, 张海江, 李成. 两栖类种群数量的快速调查与分析方法. 生态与农村环境学报, 2019, 35(6): 809-816.

徐卫南, 王义平. 临安珍稀野生动物图鉴. 北京: 中国农业科学技术出版社, 2018.

浙江动物志编辑委员会. 浙江动物志·两栖类 爬行类. 杭州: 浙江科学技术出版社, 1990.

浙江省林业局. 浙江省林业局关于公开征求《浙江省重点保护陆生野生动物名录（征求意见稿）》意见的函[EB/OL]. (2023-09-06)[2023-12-06]. http://lyj.zj.gov.cn/art/2023/9/6/art_1275954_59059010.html.

浙江省人民政府办公厅. 浙江省人民政府办公厅关于公布浙江省重点保护陆生野生动物名录的通知[EB/OL]. (2016-03-02)[2023-12-06]. http://lyj.zj.gov.cn/art/2016/3/2/art_1275955_59057202.html.

中国两栖类[EB/OL]. [2023-11-21]. http://www.amphibiachina.org/.

中华人民共和国濒危物种科学委员会. 2023 年 CITES 附录中文版[EB/OL]. (2023-02-27) [2024-03-08]. http://www.cites.org.cn/citesgy/fl/202302/t20230227_734178.html.

第 5 章　爬行类资源

5.1 调查路线和时间

在本次调查期间对临安区爬行类物种进行针对性调查，时间主要集中在每年的 4—10 月。根据爬行类动物多为夜行性的生活习性，调查主要选择在日落前 0.5h 至日落后 4h 进行，但考虑到部分爬行类物种存在明显的日行性特征，因此在日间其他时间也进行部分调查，以使调查更为全面与完整。

调查方法主要以样线法为主，并以历史文献资料作为补充依据。样线的布设兼顾溪流河谷、静水池塘、水田等多类生境，以尽可能覆盖临安区所有生境类型及海拔梯度、植被类型等。具体样线如图 5.1 及图 5.2 所示。

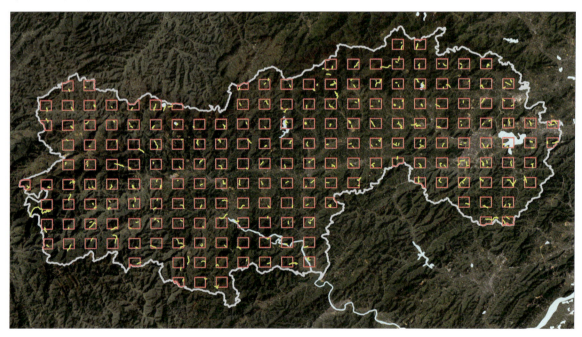

图 5.1 临安区爬行类调查样线图

图 5.2 临安区爬行类调查样线部分细节图

5.2 调查方法和物种鉴定

开展调查时沿既定样线观察样线四周爬行类动物的实体或痕迹，对观察到的爬行类物种进行物种识别、拍照记录，利用 GPS 定位仪记录具体经纬度坐标，并记录周围环境因子信息，包括海拔、生境、植被类型等。夜间调查时用头灯或手电照明。

物种鉴定依据《中国蛇类》《中国动物志·爬行纲》《浙江动物志·两栖类 爬行类》《中国爬行纲动物分类厘定》《浙江省清凉峰生物多样性研究》《天目山动物志（第十一卷）》等专业书籍，并询问相关的专家学者最终确定。

有选择性地采集个体标本，用于测定形态数据和分类鉴定。量度采用电子数显游标卡尺，精确到 0.1mm。标本以 10%福尔马林溶液固定，回到室内经清水冲洗，最终以 75%乙醇溶液保存。对于存疑物种，在固定前进行肝脏取样，用于后续的物种基因测序鉴定。

5.3 物种多样性

5.3.1 物种组成

根据本次调查结果，并结合历史文献数据，确认临安区爬行类动物种类丰富，共有 58 种（表 5.1），分属 2 目 18 科 43 属。其中，龟鳖目 3 科 4 种，占临安区爬行类物种数的 6.9%；有鳞目 15 科 54 种（包括蜥蜴亚目 4 科 10 种，蛇亚目 11 科 44 种），占临安区爬行类物种数的 93.1%。

其中，爬行类物种中的平胸龟、黄缘闭壳龟、钩盲蛇、饰纹小头蛇、滑鼠蛇、灰鼠蛇、红纹滞卵蛇、黄斑渔游蛇为过往文献记录，本次调查未发现。

表 5.1 临安区爬行类物种组成

物种	保护等级	中国特有种	CRLB	IUCN	本次调查	历史文献
龟鳖目 Testudines						
鳖科 Trionychidae						
1.中华鳖 *Pelodiscus sinensis*			EN	VU	√	Q/T
平胸龟科 Platysternidae						
2.平胸龟 *Platysternon megacephalum*	国家二级		CR	EN		L/Q/T
地龟科 Geoemydidae						
3.乌龟 *Mauremys reevesii*	国家二级		EN	EN	√	Q/T
4.黄缘闭壳龟 *Cuora flavomarginata*	国家二级		CR	EN		L/T
有鳞目 Squamata						
壁虎科 Gekkonidae						
5.铅山壁虎 *Gekko hokouensis*	三有	√	LC	LC	√	Q/T
6.多疣壁虎 *Gekko japonicus*	三有		LC	LC	√	Q/T
石龙子科 Scincidae						
7.铜蜒蜥 *Sphenomorphus indicus*	三有		LC	LC	√	Q/T
8.股鳞蜒蜥 *Sphenomorphus incognitus*	三有		LC	LC	√	
9.中国石龙子 *Plestiodon chinensis*	三有		LC	LC	√	Q/T
10.蓝尾石龙子 *Plestiodon elegans*	三有		LC	LC	√	Q/T
11.宁波滑蜥 *Scincella modesta*	三有 省重点	√	LC	LC	√	L/T
蜥蜴科 Lacertidae						
12.北草蜥 *Takydromus septentrionalis*	三有	√	LC	LC	√	Q/T
13.古氏草蜥 *Takydromus kuehnei*	三有	√	LC	LC	√	
蛇蜥科 Anguidae						
14.脆蛇蜥 *Dopasia harti*	国家二级		EN	LC	√	L/T
盲蛇科 Typhlopidae						
15.钩盲蛇 *Indotyphlops braminus*	三有		LC	LC		L
闪皮蛇科 Xenodermidae						
16.黑脊蛇 *Achalinus spinalis*	三有		LC	LC	√	T
钝头蛇科 Pareidae						
17.平鳞钝头蛇 *Pareas boulengeri*	三有	√	LC	LC	√	
蝰科 Viperidae						
18.白头蝰 *Azemiops kharini*	三有 省重点		VU	LC	√	T
19.原矛头蝮 *Protobothrops mucrosquamatus*	三有		LC	LC	√	T
20.尖吻蝮 *Deinagkistrodon acutus*	三有 省重点	√	VU	VU	√	L/Q/T
21.台湾烙铁头蛇 *Ovophis makazayazaya*	三有		NT	LC	√	Q/T

（续表）

物种	保护等级	中国特有种	CRLB	IUCN	本次调查	历史文献
22.福建竹叶青蛇 *Viridovipera stejnegeri*	三有		LC	LC	√	Q/T
23.短尾蝮 *Gloydius brevicaudus*	三有		NT	LC	√	Q/T
水蛇科 **Homalopsidae**						
24.中国水蛇 *Myrrophis chinensis*			VU	LC	√	T
眼镜蛇科 **Elapidae**						
25.银环蛇 *Bungarus multicinctus*	三有		VU	VU	√	Q/T
26.舟山眼镜蛇 *Naja atra*	三有 省重点		VU	VU	√	L/Q/T
27.福建华珊瑚蛇 *Sinomicrurus kelloggi*	三有 省重点		VU	LC	√	T
28.环纹华珊瑚蛇 *Sinomicrurus macclellandi*	三有 省重点		LC	LC	√	T
游蛇科 **Colubridae**						
29.绞花林蛇 *Boiga kraepelini*	三有	√	LC	LC	√	Q/T
30.中国小头蛇 *Oligodon chinensis*	三有		LC	LC		T
31.饰纹小头蛇 *Oligodon ornatus*	三有	√	NT	LC		Q
32.翠青蛇 *Cyclophiops major*	三有		LC	LC	√	Q/T
33.乌梢蛇 *Ptyas dhumnades*	三有	√	VU	LC	√	Q/T
34.灰鼠蛇 *Ptyas korros*	三有		NT	NT		Q/T
35.滑鼠蛇 *Ptyas mucosa*	三有 省重点		EN	LC		L/Q/T
36.灰腹绿锦蛇 *Gonyosoma frenatum*	三有 省重点		LC	LC	√	T
37.黄链蛇 *Lycodon flavozonatus*	三有		LC	LC	√	Q/T
38.刘氏链蛇 *Lycodon liuchengchaoi*	三有		LC	LC	√	T
39.黑背链蛇 *Lycodon ruhstrati*	三有		LC	LC	√	T
40.赤链蛇 *Lycodon rufozonatus*	三有		LC	LC	√	Q/T
41.玉斑锦蛇 *Euprepiophis mandarinus*	三有 省重点		NT	LC	√	L/Q/T
42.紫灰锦蛇 *Oreocryptophis porphyraceus*	三有 省重点		LC	LC	√	T
43.双斑锦蛇 *Elaphe bimaculate*	三有	√	NT	NT	√	T
44.王锦蛇 *Elaphe carinata*	三有 省重点		VU	LC	√	L/Q/T
45.黑眉锦蛇 *Elaphe taeniura*	三有 省重点		VU	VU	√	L/Q/T
46.红纹滞卵蛇 *Oocatochus rufodorsatus*	三有		NT	LC		T
两头蛇科 **Calamariidae**						
47.钝尾两头蛇 *Calamaria septentrionalis*	三有		LC	LC	√	T
水游蛇科 **Natricidae**						
48.草腹链蛇 *Amphiesma stolatum*	三有		LC	LC	√	T
49.锈链腹链蛇 *Hebius craspedogaster*	三有	√	LC	LC	√	Q/T
50.颈棱蛇 *Pseudoagkistrodon rudis*	三有	√	LC	LC	√	Q/T

（续表）

物种	保护等级	中国特有种	CRLB	IUCN	本次调查	历史文献
51.虎斑颈槽蛇 *Rhabdophis tigrinus*	三有		LC	LC	√	Q/T
52.黄斑渔游蛇 *Fowlea flavipunctatus*	三有		LC	LC		T
53.山溪后棱蛇 *Opisthotropis latouchii*	三有	√	LC	LC	√	T
54.赤链华游蛇 *Trimerodytes annularis*	三有		VU	LC	√	Q/T
55.乌华游蛇 *Trimerodytes percarinatus*	三有		NT	LC	√	Q/T
斜鳞蛇科 **Pseudoxenodontidae**						
56.福建颈斑蛇 *Plagiopholis styani*	三有		LC	LC	√	T
57.纹尾斜鳞蛇 *Pseudoxenodon stejnegeri*	三有		LC	LC	√	T
剑蛇科 **Sibynophiidae**						
58.黑头剑蛇 *Sibynophis chinensis*	三有		LC	LC	√	T

5.3.2 调查新发现

本次调查在历史记录的基础上，共发现临安区爬行类分布新记录 3 种，都属于杭州市分布新记录，见表 5.2。

表 5.2 临安区爬行类分布新记录

序号	中文名	拉丁学名	备注
1	股鳞蜓蜥	*Sphenomorphus incognitus*	杭州新记录
2	古氏草蜥	*Takydromus kuehnei*	杭州新记录
3	平鳞钝头蛇	*Pareas boulengeri*	杭州新记录

5.3.3 种群数量估算

因部分物种在本次调查中未被探测和观察到，为保证种群数量数据的可靠性，爬行类种群数量估算时仅计算调查到且调查记录次数大于 10 次的物种，见表 5.3。

表 5.3 临安区部分爬行类种群数量估算

物种	探测次数	密度/（只/km²）	数量/万只
赤链蛇	15	10.98	3.43
短尾蝮	15	10.98	3.43
福建竹叶青蛇	32	27.08	8.47
铅山壁虎	27	34.40	10.76
铜蜓蜥	21	30.01	9.38

5.4 生态类型和优势种

调查发现，临安区爬行类主要分为水栖型（Aquatic，Aq）、半水栖型（Semiaquatic，Se）和陆栖型（Terrestrial，Te）3 种生态类型，见表 5.4。其中以陆栖型为主要类型，有 51 种，占临安区爬行类物种数的 87.9%。

表 5.4 临安区爬行类生态类型、地理分布

物种	生态类型	地理分布
中华鳖	Aq	广布
平胸龟	Aq	S/C
乌龟	Aq	广布
黄缘闭壳龟	Te	S/C
铅山壁虎	Te	S/C
多疣壁虎	Te	S/C
铜蜓蜥	Te	O
股鳞蜓蜥	Te	S/C
中国石龙子	Te	S/C
蓝尾石龙子	Te	S/C
宁波滑蜥	Te	C
北草蜥	Te	O
古氏草蜥	Te	S/C
脆蛇蜥	Te	O
钩盲蛇	Te	S/C
黑脊蛇	Te	O
平鳞钝头蛇	Te	C
白头蝰	Te	O
原矛头蝮	Te	O
尖吻蝮	Te	S/C
台湾烙铁头蛇	Te	O
福建竹叶青蛇	Te	O
短尾蝮	Te	广布
中国水蛇	Aq	S/C
银环蛇	Te	O
舟山眼镜蛇	Te	S/C
福建华珊瑚蛇	Te	S/C
环纹华珊瑚蛇	Te	O
绞花林蛇	Te	O
中国小头蛇	Te	S/C
饰纹小头蛇	Te	O
翠青蛇	Te	O
乌梢蛇	Te	O
灰鼠蛇	Te	O
滑鼠蛇	Te	O
灰腹绿锦蛇	Te	S/W

（续表）

物种	生态类型	地理分布
黄链蛇	Te	O
刘氏链蛇	Te	C
黑背链蛇	Te	O
赤链蛇	Te	广布
玉斑锦蛇	Te	广布
紫灰锦蛇	Te	O
双斑锦蛇	Te	C
王锦蛇	Te	广布
黑眉锦蛇	Te	广布
红纹滞卵蛇	Te	广布
钝尾两头蛇	Te	O
草腹链蛇	Te	S/C
锈链腹链蛇	Te	O
颈棱蛇	Te	O
虎斑颈槽蛇	Te	广布
黄斑渔游蛇	Te	S/C
山溪后棱蛇	Aq	S/C
赤链华游蛇	Se	S/C
乌华游蛇	Se	O
福建颈斑蛇	Te	S/W
纹尾斜鳞蛇	Te	O
黑头剑蛇	Te	O

注：①生态类型中，"Aq"表示水栖型，"Se"表示半水栖型，"Te"表示陆栖型。下同。

②地理分布中，"C"表示东洋界华中区分布，"S/C"表示东洋界华中区和华南区分布，"S/W"表示东洋界华中区和西南区分布，"O"表示东洋界分布，"广布"表示东洋界和古北界分布。下同。

5.5 区系和分布特征

临安区爬行类中，广布种有 9 种，分别为中华鳖、乌龟、短尾蝮、赤链蛇、玉斑锦蛇、黑眉锦蛇、王锦蛇、红纹滞卵蛇、虎斑颈槽蛇，占临安区爬行类物种数的 15.52%；东洋界分布种有 25 种，分别为铜蜓蜥、北草蜥、脆蛇蜥、黑脊蛇、白头蝰、原矛头蝮、台湾烙铁头蛇、福建竹叶青蛇、银环蛇、环纹华珊瑚蛇、绞花林蛇、饰纹小头蛇、翠青蛇、乌梢蛇、灰鼠蛇、滑鼠蛇、黄链蛇、黑背链蛇、紫灰锦蛇、钝尾两头蛇、锈链腹链蛇、颈棱蛇、乌华游蛇、纹尾斜鳞蛇、黑头剑蛇，占临安区爬行类物种数的 43.10%；东洋界华中区和华南区分布种有 18 种，分别为平胸龟、黄缘闭壳龟、铅山壁虎、多疣壁虎、股鳞蜓蜥、中国石龙子、蓝尾石龙子、古氏草蜥、钩盲蛇、尖吻蝮、中国水蛇、舟山眼镜蛇、福建华珊瑚蛇、中国小头蛇、草腹链蛇、黄斑渔游蛇、山溪后棱蛇、赤链华游蛇，占临安区爬行类物种数的 31.03%；东洋界华中区分布种有 4 种，为宁波滑蜥、平鳞钝头蛇、刘氏链蛇和双斑锦蛇，占临安区爬行类物种数的 6.90%；东洋界华中和西南区分布种有 2 种，灰腹绿锦蛇和福建颈斑蛇，占临安区爬行类物种数的 3.45%。

5.6 珍稀濒危及中国特有种

5.6.1 珍稀濒危爬行类概况

根据《国家重点保护野生动物名录》（2021）、《浙江省重点保护陆生野生动物名录（征求意见稿）》（2023），临安区 58 种爬行类中，国家二级重点保护野生动物有 4 种，即平胸龟、乌龟、黄缘闭壳龟、脆蛇蜥；浙江省重点保护陆生野生动物有 12 种，即宁波滑蜥、白头蝰、尖吻蝮、舟山眼镜蛇、福建华珊瑚蛇、环纹华珊瑚蛇、滑鼠蛇、灰腹绿锦蛇、玉斑锦蛇、紫灰锦蛇、王锦蛇、黑眉锦蛇；除中华鳖、中国水蛇和 4 个国家二级重点保护野生动物以外，其余均为有重要生态、科学、社会价值的陆生野生动物，有 52 种。

根据《中国生物多样性红色名录》，临安区爬行类动物中濒危等级易危（VU）及以上的物种有 16 种，占临安区爬行类物种数的 27.59%。其中，极危（CR）等级的 2 种，为平胸龟、黄缘闭壳龟；濒危（EN）等级的 4 种，分别为中华鳖、乌龟、脆蛇蜥、滑鼠蛇；易危（VU）等级的有 10 种，分别为白头蝰、尖吻蝮、中国水蛇、银环蛇、舟山眼镜蛇、福建华珊瑚蛇、乌梢蛇、王锦蛇、黑眉锦蛇、赤链华游蛇。

根据《IUCN 红色名录》，临安区爬行类动物中，濒危（EN）物种有 3 种，为平胸龟、乌龟、黄缘闭壳龟；易危（VU）物种有 5 种，为中华鳖、舟山眼镜蛇、尖吻蝮、银环蛇和黑眉锦蛇。

根据 CITES 附录Ⅰ、附录Ⅱ和附录Ⅲ（2023），临安区爬行类动物中，有 1 种被列入附录Ⅰ，即平胸龟；列入附录Ⅱ的物种有 3 种，分别是黄缘闭壳龟、舟山眼镜蛇和滑鼠蛇；列入附录Ⅲ的物种有 1 种，即乌龟。

5.6.2 中国特有种

临安区爬行类动物中，中国特有种有 13 种，占临安区爬行类物种数的 22.41%。其中，壁虎科 1 种，即铅山壁虎；蜥蜴科 1 种，即北草蜥；石龙子科 1 种，即宁波滑蜥；钝头蛇科 1 种，为平鳞钝头蛇；蝰科 1 种，即尖吻蝮；游蛇科 4 种，分别为绞花林蛇、饰纹小头蛇、乌梢蛇、双斑锦蛇；水游蛇科 3 种，分别为锈链腹链蛇、颈棱蛇、山溪后棱蛇。

5.7 历史记录厘定

对《天目山动物志》《浙江清凉峰生物多样性研究》《临安珍稀野生动物图鉴》及其他历

史资料中临安区爬行类名录进行整理，并综合本次调查成果，做出以下调整。

1. 删除"中国钝头蛇"

郭红玉等 2017 年通过分子系统学研究恢复了中国钝头蛇的分类地位，但其分布范围可能仅局限于四川省及邻近省份。该物种在浙江的历史记录很有可能是物种错误鉴定所致，在没有标本证明这些种类存在于临安区范围内之前，暂且不将其归入名录中。

2. "山烙铁头蛇"修正为"台湾烙铁头蛇"

Schmidt 于 1925 年根据福建邵武 1 号标本发表了新物种 *Trimeresurus orientalis*，后归为山烙铁头蛇 *O. monticola* 的华东亚种 *O. m .orientalis*，中国云贵高原以东至东南沿海所记录的山烙铁头蛇均为此亚种。Malhotra 等于 2011 年运用分子生物学技术对烙铁头蛇属进行研究，研究显示山烙铁头蛇华东亚种为山烙铁头蛇台湾亚种 *O. m. makazayazaya=Trimeresurus makazayazaya* (Takahashi, 1922)的同物异名，*makazayazaya* 同模式产区的山烙铁头蛇分属于不同类群，应为一独立种，因此将其提升为 *O. makazayazaya*，中文名也应随之变为台湾烙铁头蛇。

3. "福建绿蝮"修正为"福建竹叶青"

采纳王剀等编写的《中国两栖、爬行动物更新名录》的意见，在保留蔡波等于 2015 年使用的属中文名的情况下，将原广义竹叶青属 *Trimeresurus* sensu lato 物种统一恢复为原惯用中文名，因此将 *Viridovipera stejnegeri* 的中文名由福建绿蝮恢复为福建竹叶青蛇。

4. "中国沼蛇"修正为"中国水蛇"

采纳王剀等编写的《中国两栖、爬行动物更新名录》的意见，依据以往中文资料的习惯用法，将 *Myrrophis chinensis* 的中文名由中国沼蛇恢复为中国水蛇。

5. "中华珊瑚蛇"修正为"环纹华珊瑚蛇"

本种曾为中华珊瑚蛇 *S. macclellandii* 之亚种，Smart 等于 2021 年对比该属各物种之形态与分子系统发育特征后，将本种提升为独立种，中文名相应变为环纹华珊瑚蛇。

6. "灰腹绿蛇"修正为"灰腹绿锦蛇"

采纳王剀等编写的《中国两栖、爬行动物更新名录》的意见，将原广义锦蛇属 *Elaphe* sensu lato 物种的中文名恢复为原惯用名，即将 *Gonyosoma frenatum* 的中文名由灰腹绿蛇恢复为灰腹绿锦蛇。

7. "紫灰蛇"修正为"紫灰锦蛇"

采纳王剀等编写的《中国两栖、爬行动物更新名录》的意见，将原广义锦蛇属 *Elaphe* sensu lato 物种的中文名恢复为原惯用名，即将 *Oreocryptophis porphyraceus* 的中文名由紫灰蛇恢复为紫灰锦蛇。

8."黑眉晨蛇"修正为"黑眉锦蛇"

采纳王剀等编写的《中国两栖、爬行动物更新名录》的意见，将原广义锦蛇属 *Elaphe* sensu lato 物种的中文名恢复为原惯用名，即将 *Elaphe taeniurus* 的中文名由黑眉晨蛇恢复为黑眉锦蛇。

9."异色蛇"修正为"黄斑渔游蛇"

采纳王剀等编写的《中国两栖、爬行动物更新名录》的意见，将 *Xenochrophis* 的中文名由异色蛇属恢复为渔游蛇属，其属下物种中文名相应恢复为渔游蛇 *Xenochrophis piscator* 和黄斑渔游蛇 *X. flavipunctata*。Vogel 于 2006 年对渔游蛇种组进行了地理成分的划分，其中黄斑渔游蛇主要分布在我国的东南方以及泰国、老挝、越南、柬埔寨，而渔游蛇则主要分布于印度、孟加拉国和缅甸，我国云南省西部以及广西也可能有该物种存在。因此，将异色蛇修正为黄斑渔游蛇。

10. 删除"环纹华游蛇"

虽然有历史记录该物种分布于临安，然而近 30 年来浙江省内无任何环纹华游蛇的报道，仅有一笔 20 世纪 90 年代采集自浙江龙泉的标本可以查证。浙江北部远离环纹华游蛇的传统分布区域，临安的记录缺乏凭证标本可供核实，很有可能是环游蛇属其他物种错误鉴定所致，在没有标本证明其存在于临安区范围内之前，暂且不将其归入名录中。

参考文献

IUCN. The IUCN red list of threatened species[EB/OL]. [2023-08-27]. https://www.iucnredlist.org.

Malhotra A, Dawson K, Guo P, et al. Phylogenetic structure and species boundaries in the mountain pitviper *Ovophis monticola* (Serpentes: Viperidae: Crotalinae) in Asia. Molecular Phylogenetics and Evolution, 2011, 59(2): 444-457.

Schmidt P. New Chinese amphibians and reptiles. American Museum Novitates, 1925(175): 1-3.

Smart U, Ingrasci M J, Sarker G C, et al. A comprehensive appraisal of evolutionary diversity in venomous Asian coralsnakes of the genus *Sinomicrurus* (Serpentes: Elapidae) using Bayesian coalescent inference and supervised machine learning. Journal of Zoological Systematics and Evolutionary Research, 2021, 59(18): 2212-2277

Vogel G, David P. On the taxonomy of the *Xenochrophis piscator* complex (Serpentes, Natricidae). Herpetologia Bonnensis II. Proceedings of the 13th Congress of the Societas Europaea Herpetologica, 2006, 241-246.

蔡波, 王跃招, 陈跃英, 等. 中国爬行纲动物分类厘定. 生物多样性, 2015, 23(3): 365-382.

陈炼, 吴琳, 王启菲, 等. DNA 条形码及其在生物多样性研究中的应用. 四川动物, 2016, 35(6): 942-949.

丁平, 童彩亮, 翁东明. 浙江清凉峰生物多样性研究. 北京: 中国林业出版社, 2020.

郭玉红, 丁利. 关于"台湾钝头蛇-中国钝头蛇复合体"的分类探讨. 重庆师范大学学报（自然科学版）, 2017, 34(6): 36-39.

国家林业和草原局. 有重要生态、科学、社会价值的陆生野生动物名录（公告 2023 年第 17 号）

[EB/OL]. (2023-06-30)[2024-03-08]. https://www.forestry.gov.cn/c/www/gkzfwj/509750.jhtml.

国家林业和草原局, 农业农村部. 国家林业和草原局 农业农村部公告（2021 年第 3 号）（国家重点保护野生动物名录）[EB/OL].(2021-02-01)[2024-03-08]. https://www.forestry.gov.cn/lyj/1/gkgfxwj/20210201/546057.html.

李成, 章文艳, 高军, 等. 基于贝叶斯权重估计方法估计浙江省古田山国家级自然保护区两栖爬行动物多样性. 四川动物, 2022, 41(1): 92-98.

刘雨松. DNA 条形码在喇叭河和瓦屋山两栖爬行类物种多样性调查中的应用研究. 雅安: 四川农业大学, 2017.

生态环境部, 中国科学院. 关于发布《中国生物多样性红色名录—脊椎动物卷（2020）》和《中国生物多样性红色名录—高等植物卷（2020）》的公告 [EB/OL].(2023-05-22)[2024-03-08]. https://www.mee.gov.cn/xxgk2018/xxgk/xxgk01/202305/t20230522_1030745.html.

王剀, 任金龙, 陈宏满, 等. 中国两栖、爬行动物更新名录. 生物多样性, 2020, 28(2): 189-218.

王跃招. 中国生物多样性红色名录·脊椎动物·第三卷 爬行动物（上、下）. 北京: 科学技术出版社, 2021.

吴鸿, 鲁庆彬, 杨淑贞. 天目山动物志（第十一卷）. 杭州: 浙江大学出版社, 2021.

邢超, 林依, 周智强, 等. 基于 DNA 条形码技术构建王朗国家级自然保护区陆生脊椎动物遗传资源数据库及物种鉴定. 生物多样性, 2023, 31(7): 87-99.

徐卫南, 王义平. 临安珍稀野生动物图鉴. 北京: 中国农业科学技术出版社, 2018.

张孟闻, 宗愉, 马积藩. 中国动物志·爬行纲 第一卷·总论 龟鳖目 鳄形目. 北京: 科学出版社, 1998.

章旭日, 岳春雷, 侯楚, 等. 浙江省爬行动物物种现状及区系特征. 动物学杂志, 2020, 55(2): 189-203.

赵尔宓, 黄美华, 宗愉, 等. 中国动物志·爬行纲 第三卷·有鳞目·蛇亚目. 北京: 科学出版社, 1998.

赵尔宓, 赵肯堂, 周开亚, 等. 中国动物志·爬行纲 第二卷·有鳞目·蜥蜴亚目. 北京: 科学出版社, 1999.

赵尔宓. 中国蛇类. 合肥: 安徽科学技术出版社, 2006.

浙江动物志编辑委员会. 浙江动物志·两栖类 爬行类. 杭州: 浙江科学技术出版社, 1990.

浙江省林业局. 浙江省林业局关于公开征求《浙江省重点保护陆生野生动物名录（征求意见稿）》意见的函[EB/OL]. (2023-09-06)[2023-12-06]. http://lyj.zj.gov.cn/art/2023/9/6/art_1275954_59059010.html.

浙江省人民政府办公厅. 浙江省人民政府办公厅关于公布浙江省重点保护陆生野生动物名录的通知[EB/OL]. (2016-03-02)[2023-12-06]. http://lyj.zj.gov.cn/art/2016/3/2/art_1275955_59057202.html.

中华人民共和国濒危物种科学委员会. 2023 年 CITES 附录中文版[EB/OL]. (2023-02-27)[2024-03-08]. http://www.cites.org.cn/citesgy/fl/202302/t20230227_734178.html.

第6章 鸟类资源

6.1 调查线路和时间

6.1.1 调查线路

鸟类调查以临安区的行政区域 3126.72km² 范围为主，并适当向区域外延展数千米。将调查区域以 2km×2km 进行网格化，其中对于与乡镇（街道）边界重合的样地，选取界内面积超过单个网格面积 50% 的作为抽样样地。通过系统抽样抽取其中 25% 的网格作为调查样地，共计 192 个（图 6.1）。另外，对重点区域进行重点调查。临安区重点区域主要有清凉峰国家级自然保护区、天目山国家级自然保护区、青山湖国家森林公园以及区内其他公益林区、重要湿地等。

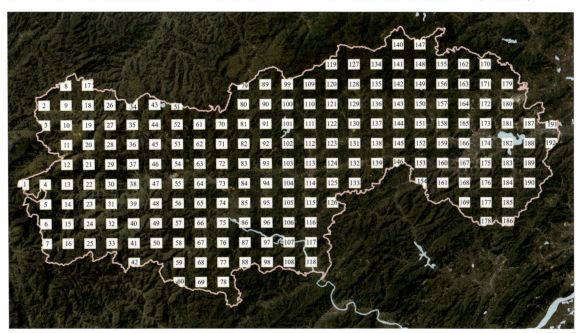

图 6.1 鸟类调查样地分布

6.1.2 调查时间

本次调查共进行了 4 次全面样线调查（2021 年夏季、秋季、冬季及 2022 年春季）和若干次重点区域的补充调查。

调查日当天，选择在晴朗、风力不大（一般在三级以下）的天气条件下进行。当天的调查时间为清晨（日出后 0.5～3h）和傍晚（日落前 3h 至日落）。

6.2 调查方法和物种鉴定

6.2.1 调查方法

临安区鸟类调查方法以样线法、直接计数法（集群地计数法）、红外相机拍摄法和羽迹法为主，以访问法和资料收集法作为补充。

1.样线法

样线法是鸟类调查的主要方法。在调查区域随机布设理论样线，调查时以实际样线为准（图 6.2），兼顾多种栖息地类型，通过目击观察、鸣声辨别、摄影取证等方法，对调查样地内的鸟类资源进行样线调查。

样地内每条样线设计长度不小于 2km，每个样地布设 2 条样线。如遇悬崖或江河阻隔，在一定时间内绕过后继续保持原方向前进。在样线上行进的速度为 1～2km/h。记录发现鸟类的名称、数量、距离中线的距离、地理坐标等信息。

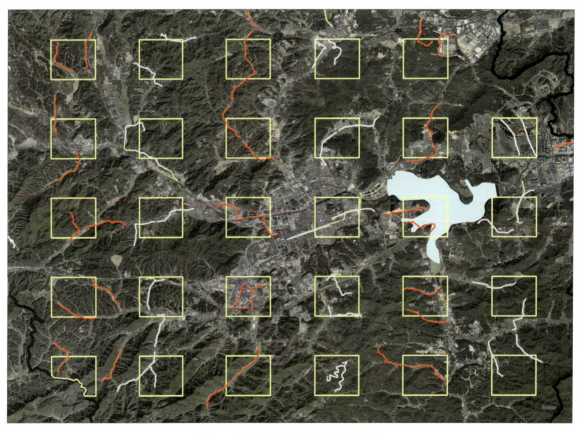

图 6.2 鸟类调查样地样线局部展示

2. 直接计数法（集群地计数法）

直接计数法（集群地计数法）主要用于集群鸟类（主要为越冬水鸟）的调查。通过访问调查、历史资料查询的方式确定鸟类集群地的位置以及集群时间，并在地图上标出。在鸟类集群时间对标注地点进行调查。记录集群地的地理坐标、观察到的鸟类的种类及数量等信息。

3. 红外相机拍摄法

红外相机拍摄法主要用于地栖性鸟类和林鸟的调查。安装红外相机，进行 24h 全天候监测。安装位点通常根据地栖性鸟类的痕迹，选择近水源地、林下通行性强的区域，以期提高拍摄成功率。选择在地栖性鸟类主要活动区域布设红外相机（城区、农田、水域等生境可不布设）。每台相机连续工作时长不少于 3000h。

4. 羽迹法

羽迹法主要用于鸡形目鸟类和地栖性鸟类的调查。鸟类所留下的羽毛、足迹等痕迹作为判断鸟类种类的直接证据。

5. 访问法和资料收集法

访问法和资料收集法作为补充性调查方法，主要用于珍稀鸟类的调查，即历史资料有记载且近年再无发现记录。走访临安区相关农户和具有观鸟、拍鸟经验人员，收集鸟类信息；向森林公安部门收集临安本地救助、查获的鸟类记录等。因临安区早期有较为完备的科考资料，项目组对历史记录进行考证核对，并根据最新的分类系统对鸟类名录进行梳理和厘定。

6.2.2 物种鉴定

鸟类鉴定依据《中国鸟类图鉴》《中国鸟类野外手册》等书籍。命名方法以最新版《国际动物命名法规》为标准，名录参考《中国鸟类分类与分布名录（第四版）》。

6.3 物种多样性

通过对临安区样线、样点的调查，并结合收集、鉴定、整理的历史文献资料和临安区观鸟记录（中国鸟类记录中心提供），在临安区范围共记录鸟类 386 种，分属 19 目 74 科 225 属。其中，雀形目鸟类 42 科 185 种，占临安区鸟类总种数的 47.93%；非雀形目鸟类共 18 目 32 科 201 种，占临安区鸟类总种数的 52.07%。

非雀形目鸟类中，以鸻形目最多，共 54 种；雁形目次之，共 31 种；鹰形目第三，共 22 种；鹈形目 18 种；鹤形目 13 种；鸮形目 12 种；鹃形目 10 种；啄木鸟目 9 种；佛法僧目、鸡形目各 6 种；夜鹰目 5 种；鸽形目、隼形目各 4 种；鹦鹉目 3 种；鹳形目、鲣鸟目、犀鸟目、䴙䴘目各 1 种，详见图 6.3。

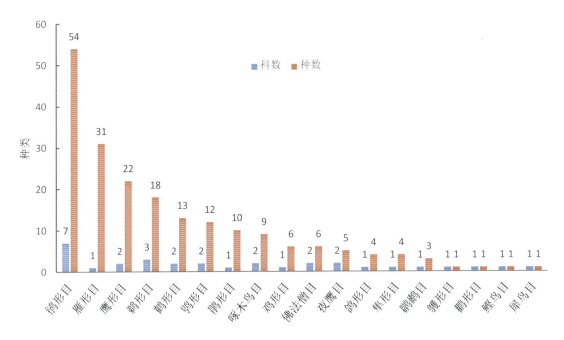

图 6.3 临安区非雀形目鸟类物种组成

雀形目鸟类中，以鹟科种类最多，共 26 种；鸦科、柳莺科次之，分别为 15 种；鹎科、鹛鸫科各 11 种；鸦科 10 种；噪鹛科、燕雀科各 8 种；椋鸟科、鹡鸰科各 6 种；伯劳科、山椒鸟科、燕科各 5 种；树莺科、莺鹛科、苇莺科各 4 种；百灵科、蝗莺科、卷尾科、林鹛科、山雀科各 3 种；梅花雀科、雀科、扇尾莺科、太平鸟科、绣眼鸟科、长尾山雀科各 2 种；八色鸫科、戴菊科、河乌科、花蜜鸟科、黄鹂科、鸥鹟科、丽星鹩鹛科、鳞胸鹪鹛科、攀雀科、王鹟科、叶鹎科、莺雀科、雀鹛科、玉鹟科、铁爪鹀科各 1 种。详见表 6.1。

表 6.1 临安区鸟类物种组成

目	科数	科	种数	占比
鸡形目 GALLIFORMES	1	雉科 Phasianidae	6	1.55%
雁形目 ANSERIFORMES	1	鸭科 Anatidae	31	8.03%
鹱形目 PROCELLARIIFORMES	1	鹱科 Procellariidae	1	0.26%
䴙䴘目 PODICIPEDIFORMES	1	䴙䴘科 Podicipedidae	3	0.78%
鸽形目 COLUMBIFORMES	1	鸠鸽科 Columbidae	4	1.04%
夜鹰目 CAPRIMULGIFORMES	2	夜鹰科 Caprimulgidae	1	0.26%
		雨燕科 Apodidae	4	1.04%
鹃形目 CUCULIFORMES	1	杜鹃科 Cuculidae	10	2.59%
鹤形目 GRUIFORMES	2	秧鸡科 Rallidae	9	2.33%
		鹤科 Gruidae	4	1.04%
鸻形目 CHARADRIIFORMES	7	反嘴鹬科 Recurvirostridae	2	0.52%
		鸻科 Charadriidae	10	2.59%
		彩鹬科 Rostratulidae	1	0.26%
		水雉科 Jacanidae	1	0.26%

第 6 章 鸟类资源

（续表）

目	科数	科	种数	占比
鸻形目 CHARADRIIFORMES	7	鹬科 Scolopacidae	27	6.99%
		三趾鹑科 Turnicidae	1	0.26%
		鸥科 Laridae	12	3.11%
鹳形目 CICONIIFORMES	1	鹳科 Ciconiidae	1	0.26%
鲣鸟目 SULIFORMES	1	鸬鹚科 Phalacrocoracidae	1	0.26%
鹈形目 PELECANIFORMES	3	鹮科 Threskiornithidae	2	0.52%
		鹭科 Ardeidae	15	3.89%
		鹈鹕科 Pelecanidae	1	0.26%
鹰形目 ACCIPITRIFORMES	2	鹗科 Pandionidae	1	0.26%
		鹰科 Accipitridae	21	5.44%
鸮形目 STRIGIFORME	2	鸱鸮科 Strigidae	11	2.85%
		草鸮科 Tyonidae	1	0.26%
犀鸟目 BUCEROTIFORMES	1	戴胜科 Upupidae	1	0.26%
佛法僧目 CORACIIFORMES	2	佛法僧科 Coraciidae	1	0.26%
		翠鸟科 Alcedinidae	5	1.30%
啄木鸟目 PICFORMES	2	拟啄木鸟科 Capitonidae	2	0.52%
		啄木鸟科 Picidae	7	1.81%
隼形目 FALCONIFORMES	1	隼科 Falconidae	4	1.04%
雀形目 PASSERIFORMES	42	八色鸫科 Pittdae	1	0.26%
		黄鹂科 Oriolidae	1	0.26%
		鸦雀科 Paradoxornithidae	1	0.26%
		山椒鸟科 Campephagidae	5	1.30%
		卷尾科 Dicruridae	3	0.78%
		王鹟科 Monarchidae	1	0.26%
		玉鹟科 Stenosttiridae	1	0.26%
		伯劳科 Laniidae	5	1.30%
		鸦科 Corvidae	10	2.59%
		山雀科 Paridae	3	0.78%
		攀雀科 Remizidae	1	0.26%
		百灵科 Alaudidae	3	0.78%
		扇尾莺科 Cisticolidae	2	0.52%
		苇莺科 Acrocephalidae	4	1.04%
		鳞胸鹪鹛科 Pnoepygidae	1	0.26%
		蝗莺科 Locustellidae	3	0.78%
		燕科 Hirundinidae	5	1.30%
		鹎科 Pycnonntidae	6	1.55%
		柳莺科 Phylloscopidae	15	3.89%
		树莺科 Cettiidae	4	1.04%
		长尾山雀科 Aegithalidae	2	0.52%
		莺鹛科 Sylviidae	4	1.04%
		绣眼鸟科 Zosteropidae	2	0.52%
		林鹛科 Timaliidae	3	0.78%

71

（续表）

目	科数	科	种数	占比
雀形目 PASSERIFORMES	42	雀鹛科 Alcippeidae	1	0.26%
		噪鹛科 Leiothrichidae	8	2.07%
		鹪鹩科 Troglodytidae	1	0.26%
		河乌科 Cinclidae	1	0.26%
		椋鸟科 Sturnidae	6	1.55%
		鸫科 Turdidae	11	2.85%
		鹟科 Muscicapidae	26	6.74%
		戴菊科 Regulidae	1	0.26%
		太平鸟科 Bombycillidae	2	0.52%
		丽星鹩鹛科 Elachuridae	1	0.26%
		叶鹎科 Chloropseidae	1	0.26%
		花蜜鸟科 Nectariniidae	1	0.26%
		梅花雀科 Estrildidae	2	0.52%
		雀科 Passeridae	2	0.52%
		鹡鸰科 Motacillidae	11	2.85%
		燕雀科 Fringillidae	8	2.07%
		铁爪鹀科 Calcariidae	1	0.26%
		鹀科 Emberizidae	15	3.89%
合计	74		386	100.00%

6.4 居留类型与区系特征

6.4.1 居留类型

本次调查记录的 386 种鸟类中，留鸟 130 种，占临安区鸟类总种数的 33.68%；夏候鸟 59 种，占临安区鸟类总种数的 15.28%；冬候鸟 122 种，占临安区鸟类总种数的 31.61%；旅鸟 71 种，占临安区鸟类总种数的 18.40%；迷鸟 4 种，占临安区鸟类总种数的 1.04%。其中，繁殖鸟（留鸟和夏候鸟之和）189 种，占临安区鸟类总种数的 48.96%；非繁殖鸟（冬候鸟、旅鸟和迷鸟之和）197 种，占临安区鸟类总种数的 51.04%。详见表 6.2。

居留类型中，临安区鸟类以留鸟最多；冬候鸟种类也十分丰富，占比仅次于留鸟；夏候鸟和旅鸟占比相对较少。由于临安区地势自西北向东南倾斜，区境北、西、南三面环山，形成一个东南向的马蹄形屏障，一定程度上阻碍了部分候鸟的迁徙，但临安境内山区的鸟类多样性极高，其中包含了大量的高海拔山地留鸟；东南部为丘陵宽谷，地势平坦，青山湖区域的大面积湿地生境更是为越冬候鸟，尤其是越冬水鸟提供了良好的栖息环境。因此，临安区留鸟和冬候鸟种类都非常丰富。

表 6.2 临安区鸟类居留类型与区系组成

类型	组成	种类	占比
居留类型	R（留鸟）	130	33.68%
	S（夏候鸟）	59	15.28%
	W（冬候鸟）	122	31.61%
	P（旅鸟）	71	18.40%
	V（迷鸟）	4	1.04%
地理区系	O（东洋界种）	168	43.52%
	Pa（古北界种）	202	52.33%
	E（广布种）	16	4.15%

6.4.2 地理区系

临安区鸟类中，东洋界种有 168 种，占临安区鸟类总种数的 43.52%；古北界种有 202 种，占临安区鸟类总种数的 52.33%；广布种有 16 种，占临安区鸟类总种数的 4.15%（表 6.2）。区内 189 种繁殖鸟中，158 种为东洋界种，占临安区繁殖鸟总种数的 83.60%；红尾伯劳、北领角鸮、松鸦、喜鹊、黑领椋鸟、灰椋鸟、白鹡鸰、灰鹡鸰、三道眉草鹀等共 20 种古北界种亦为区内繁殖鸟，占临安区繁殖鸟总种数的 10.58%；广布种 11 种，占临安区繁殖鸟总种数的 5.82%。详见图 6.4。（注：境内曾有浙江省常见冬候鸟北红尾鸲的繁殖记录，因是个例，此处仍将其作为冬候鸟处理。）

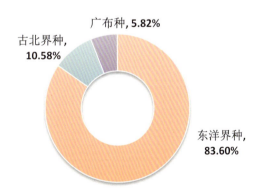

图 6.4 临安区繁殖鸟地理区系构成

在地理区系组成上，临安区鸟类东洋界种和古北界种比例为 168∶202，古北界种占绝对优势。虽然临安区在中国动物地理区系上属于东洋界中印亚界的华中区东部丘陵平原亚区，在此繁殖的鸟多为东洋界种，但是青山湖湖区一带自然条件优越，为一些候鸟，尤其是迁徙和越冬水鸟提供了良好的环境，在青山湖湖区及周围所记录的鸟类约 291 种，占临安区鸟类总种数的 3/4 以上，其中的冬候鸟和旅鸟（如雁鸭、鸻鹬、鹰、鸦、鸥等）中包含了大量的古北界种，因此古北界成分占比亦较高。

6.4.3 丰富度与多样性分析

1. 丰富度

物种丰富度即物种的种数。

2. 多样性

物种多样性指数采用以下几种。

（1）F 指数

$$D_{\text{F}} = -\sum_{K=1}^{m} D_{\text{F}K}$$

$$D_{\text{F}K} = -\sum_{i=1}^{n} (P_i \ln P_i)$$

式中：$D_{\text{F}K}$ 为 K 科中的 F 指数；$P_i=S_{Ki}/S_K$；S_K 为名录中 K 科中的物种数；S_{Ki} 为名录中 K 科 i 属中的物种数；n 为名录中 K 科中的属数；m 为名录中的科数。

（2）G 指数

$$D_{\text{G}} = -\sum_{j=1}^{p} (q_j \ln q_j)$$

式中：$q_j=S_j/S$；S 为名录中的物种数；S_j 为名录中 j 属的物种数；p 为名录中的属数。

（3）G-F 指数

$$D_{\text{GF}} = 1 - D_{\text{G}}/D_{\text{F}}$$

临安区鸟类 F 指数、G 指数、G-F 指数见表 6.3。

表 6.3 临安区鸟类 F 指数、G 指数、G-F 指数

名称	丰富度	目数	科数	属数	F 指数	G 指数	G-F 指数
临安区	386	19	74	225	46.196	5.104	0.890

从表 6.3 可见，临安区鸟类多样性 F 指数、G 指数及 G-F 指数都较高，这说明临安区的鸟类科间多样性、属间多样性及整体多样性都较丰富。究其原因有以下几点。第一，临安区为浙江省面积第二大的县级行政区，且森林覆盖率高达 81.9%，发达的森林生态系统有利于孕育出较高的鸟类多样性。第二，整个青山湖地区具有大面积生态环境良好的湿地，为各种鸟类提供了优质的栖息环境，因此，临安区有许多罕见鸟类在迁徙季和冬季的记录。第三，在临安区的自然保护地早期都曾开展过科考调查，具备一定的数据基础，并且临安区的观鸟爱好者和摄影爱好者较多，留存了大量的照片资料，为访问和历史资料收集提供了极大的便利。因此，临安区鸟类表现出丰富的物种多样性。

6.5 优势种与分布生境

6.5.1 优势种

数量等级划分：

$$T_i = N_i / N$$

式中：T_i 为群落中第 i 种物种的相对多度；N_i 为群落中第 i 种物种的个数；N 为群落中总个数。

把 $0\% < T_i \leqslant 0.05\%$ 的物种数量等级定义为罕见"*"，$0.05\% < T_i \leqslant 0.5\%$ 的物种数量等级定义为少见"**"，$0.5\% < T_i \leqslant 5\%$ 的物种数量等级定义为易见"***"，$T_i \geqslant 5\%$ 的物种数量等级定义为常见"****"。

通过对野外调查数据的统计，得出区域内常见鸟类有领雀嘴鹎、白头鹎、麻雀共 3 种，合计共占临安区鸟类调查总数的 24.80%；易见鸟类有山斑鸠、珠颈斑鸠、白鹭、红嘴蓝鹊、家燕、金腰燕、黑短脚鹎、红头长尾山雀、暗绿绣眼鸟、乌鸫、白鹡鸰、树鹨、燕雀、金翅雀、黄喉鹀、灰头鹀等共 39 种，合计共占总数的 62.52%；少见鸟类有白鹇、环颈雉、凤头潜鸭、灰翅浮鸥、蛇雕、林雕、大斑啄木鸟、小灰山椒鸟、淡色崖沙燕、烟腹毛脚燕、短尾鸦雀、华南斑胸钩嘴鹛、斑鸫、白额燕尾、紫啸鸫、凤头鹀、黄胸鹀等共 56 种，共占总数的 10.33%；罕见鸟类有白颈长尾雉、小天鹅、翘鼻麻鸭、棉凫、绿眉鸭、青头潜鸭、斑脸海番鸭、斑头秋沙鸭、红胸秋沙鸭、斑尾鹃鸠、八声杜鹃、西秧鸡、丘鹬、翻石鹬、红颈瓣蹼鹬、渔鸥、三趾鸥、黑脸琵鹭、紫背苇鳽、卷羽鹈鹕、白腹隼雕、北领角鸮、雕鸮、黑眉拟啄木鸟、棕腹啄木鸟、大鹃鵙、方尾鹟、大短趾百灵、远东苇莺、毛脚燕、淡尾鹟莺、鸲鹟、铜蓝鹟、普通朱雀、蓝鹀等共 246 种，共占总数的 2.35%，详见表 6.4。

表 6.4 临安区鸟类分布生境与区内分布

物种	居留类型	地理区系	CRLB	IUCN	保护等级	数量等级	生境类型	记录方式
1.鹌鹑	W	Pa	LC	NT		*	A	①②
2.灰胸竹鸡*	R	O	LC	LC		**	A,B,C,D,E,F	①③
3.勺鸡	R	O	LC	LC	II	*	D,F	①③
4.白鹇	R	O	LC	LC	II	**	B,C,D,E,F	①③
5.白颈长尾雉*	R	O	VU	NT	I	*	C,F	①③
6.环颈雉	R	E	LC	LC		**	A,B,C,D,E,G	①③
7.小天鹅	W	Pa	NT	LC	II	*	H	②
8.鸿雁	W	Pa	VU	VU	II	*	H	②
9.豆雁	W	Pa	LC	LC	S	**	H	①
10.短嘴豆雁	W	Pa	LC	NE	S	*	H	②
11.白额雁	W	Pa	NT	LC	II	*	H	②
12.小白额雁	W	Pa	VU	VU	II	*	H	④
13.灰雁	W	Pa	LC	LC	S	*	H	②

（续表）

物种	居留类型	地理区系	CRLB	IUCN	保护等级	数量等级	生境类型	记录方式
14.赤麻鸭	W	Pa	LC	LC	S	*	H	②
15.翘鼻麻鸭	W	Pa	LC	LC	S	*	H	④
16.棉凫	S	O	EN	LC	II	*	H	②
17.鸳鸯	W	Pa	NT	LC	II	*	A,H	①
18.赤颈鸭	W	Pa	LC	LC	S	*	H	①
19.罗纹鸭	W	Pa	NT	NT	S	*	H	②
20.赤膀鸭	W	Pa	LC	LC	S	*	H	②
21.花脸鸭	W	Pa	NT	LC	II	*	H	②
22.绿翅鸭	W	Pa	LC	LC	S	**	H	②
23.绿眉鸭	V	Pa	DD	LC	S	*	H	①
24.绿头鸭	W	Pa	LC	LC	S	*	H	①
25.斑嘴鸭	W	Pa	LC	LC	S	**	C,H	①
26.针尾鸭	W	Pa	LC	LC	S	*	H	②
27.白眉鸭	W	Pa	LC	LC	S	*	H	②
28.琵嘴鸭	W	Pa	LC	LC	S	*	H	②
29.红头潜鸭	W	Pa	LC	VU	S	*	H	②
30.青头潜鸭	W	Pa	CR	CR	I	*	H	④
31.白眼潜鸭	W	Pa	NT	NT	S	*	H	②
32.凤头潜鸭	W	Pa	LC	LC	S	**	H	②
33.斑脸海番鸭	W	Pa	NT	LC	S	*	H	④
34.斑头秋沙鸭	W	Pa	NT	LC	II	*	H	②
35.红胸秋沙鸭	W	Pa	LC	LC	S	*	H	②
36.普通秋沙鸭	W	Pa	LC	LC	S	*	H	②
37.中华秋沙鸭	W	Pa	EN	EN	I	*	H	②
38.白额鹱	W	E	DD	NT	S	*	H	②
39.小䴙䴘	R	E	LC	LC		***	A,B,D,F,H	①
40.凤头䴙䴘	W	Pa	LC	LC		**	H	②
41.黑颈䴙䴘	W	Pa	NT	LC	II	*	H	②
42.山斑鸠	R	O	LC	LC		***	A,B,C,D,E,F,H	①③
43.火斑鸠	S	O	LC	LC		/	/	⑤
44.珠颈斑鸠	R	O	LC	LC		***	A,B,C,D,E,F,G,H	①③
45.斑尾鹃鸠	R	O	NT	LC	II	*	D	①
46.普通夜鹰	S	O	LC	LC		*	B,D	①
47.白喉针尾雨燕	P	Pa	LC	LC		/	/	⑤
48.白腰雨燕	S	O	LC	LC		*	H	②
49.小白腰雨燕	R	O	LC	LC		*	D	①②
50.短嘴金丝燕	P	O	NT	LC	S	*	H	②
51.红翅凤头鹃	S	O	LC	LC		*	E	③
52.大鹰鹃	S	O	LC	LC		*	D	①
53.四声杜鹃	S	O	LC	LC		*	D	①
54.大杜鹃	S	O	LC	LC		*	B	①

（续表）

物种	居留类型	地理区系	CRLB	IUCN	保护等级	数量等级	生境类型	记录方式
55.中杜鹃	S	O	LC	LC		*	D	①
56.小杜鹃	S	O	LC	LC		*	F	②
57.八声杜鹃	S	O	LC	LC		*	D	③
58.噪鹃	S	O	LC	LC		*	B,F	①⑤
59.褐翅鸦鹃	R	O	LC	LC	II	/	/	④
60.小鸦鹃	R	O	LC	LC	II	/	/	⑤
61.白喉斑秧鸡	S	O	VU	LC	S	*	G	②
62.普通秧鸡	W	Pa	LC	LC		*	G	③
63.白胸苦恶鸟	R	O	LC	LC		*	A,H	①
64.红脚田鸡	R	O	LC	LC		*	A,B,H	①
65.小田鸡	P	E	LC	LC		*	H	②
66.西秧鸡	V	Pa	LC	LC		*	G	③
67.董鸡	S	O	NT	LC	S	/	/	④
68.黑水鸡	R	O	LC	LC		*	A,H	①
69.白骨顶	W	Pa	LC	LC		*	H	①
70.白鹤	W	Pa	CR	CR	I	*	H	②
71.白枕鹤	W	Pa	EN	VU	I	/	/	⑤
72.灰鹤	W	Pa	NT	LC	II	*	H	②
73.白头鹤	W	Pa	EN	VU	I	*	H	②
74.黑翅长脚鹬	P	Pa	LC	LC		/	/	⑤
75.反嘴鹬	W	Pa	LC	LC		*	H	③
76.凤头麦鸡	W	Pa	LC	NT	S	*	H	②
77.灰头麦鸡	W	Pa	LC	LC		*	A,B,H	①
78.金鸻	P	Pa	LC	LC		*	H	③
79.灰鸻	W	Pa	LC	LC		*	H	②
80.长嘴剑鸻	W	Pa	NT	LC	S	*	H	②
81.金眶鸻	P	Pa	LC	LC		*	A,H	①
82.环颈鸻	W	Pa	LC	LC		*	A	①
83.蒙古沙鸻	P	Pa	LC	LC		*	H	②
84.铁嘴沙鸻	P	Pa	LC	LC		*	H	③
85.东方鸻	P	Pa	LC	LC		*	G	③
86.彩鹬	R	O	LC	LC		*	A	①
87.水雉	S	O	NT	LC	II	*	H	②
88.丘鹬	W	Pa	LC	LC		*	D	③
89.扇尾沙锥	W	Pa	LC	LC		*	A	①
90.半蹼鹬	P	Pa	NT	NT	II	*	H	②
91.黑尾塍鹬	P	Pa	LC	NT	S	*	H	④
92.小杓鹬	P	Pa	NT	LC	II	*	G	②④
93.中杓鹬	P	Pa	LC	LC		*	H	②④
94.白腰杓鹬	W	Pa	NT	NT	II	*	H	④
95.大杓鹬	P	Pa	VU	EN	II	*	H	②

（续表）

物种	居留类型	地理区系	CRLB	IUCN	保护等级	数量等级	生境类型	记录方式
96.鹤鹬	W	Pa	LC	LC		*	H	②
97.红脚鹬	W	Pa	LC	LC		*	H	②
98.泽鹬	P	Pa	LC	LC		*	H	②
99.青脚鹬	W	Pa	LC	LC		*	A,H	①
100.白腰草鹬	W	Pa	LC	LC		**	A,B,H	①
101.林鹬	P	Pa	LC	LC		*	A	①
102.灰尾漂鹬	P	Pa	LC	NT	S	*	H	④
103.翘嘴鹬	P	Pa	LC	LC		*	H	②
104.矶鹬	W	Pa	LC	LC		*	A,H	①
105.翻石鹬	P	Pa	NT	LC	II	*	H	②
106.大滨鹬	P	Pa	EN	EN	II	*	H	②
107.红腹滨鹬	P	Pa	VU	NT	S	*	H	②
108.红颈滨鹬	P	Pa	LC	NT	S	*	H	②
109.青脚滨鹬	P	Pa	LC	LC		*	H	②
110.长趾滨鹬	W	Pa	LC	LC		*	H	②
111.尖尾滨鹬	P	Pa	LC	VU		*	H	②
112.弯嘴滨鹬	P	Pa	NT	NT	S	*	H	④
113.黑腹滨鹬	W	Pa	LC	LC		*	H	②
114.红颈瓣蹼鹬	P	Pa	LC	LC		*	H	②
115.黄脚三趾鹑	S	E	LC	LC		/	/	⑥
116.黑尾鸥	P	Pa	LC	LC	S	*	H	②
117.西伯利亚银鸥	W	Pa	LC	LC		*	H	②
118.渔鸥	P	Pa	LC	LC		*	H	②
119.红嘴鸥	W	Pa	LC	LC		**	H	②
120.黑嘴鸥	W	Pa	VU	VU	I	*	H	②
121.三趾鸥	W	Pa	LC	VU	S	*	H	④
122.鸥嘴噪鸥	R	Pa	LC	LC		*	H	②
123.红嘴巨燕鸥	S	O	LC	LC		*	H	④
124.普通燕鸥	P	Pa	LC	LC	S	*	H	②
125.白额燕鸥	S	O	LC	LC	S	*	H	②
126.灰翅浮鸥	S	E	LC	LC	S	**	A,H	①
127.白翅浮鸥	P	Pa	LC	LC	S	*	H	①
128.东方白鹳	W	Pa	EN	EN	I	*	H	②
129.普通鸬鹚	W	E	LC	LC		*	H	①
130.白琵鹭	W	Pa	NT	LC	II	*	H	②
131.黑脸琵鹭	W	Pa	EN	EN	I	*	H	②
132.苍鹭	R	E	LC	LC		*	H	①
133.草鹭	S	E	LC	LC		*	H	④
134.大白鹭	S	O	LC	LC		*	H	②
135.中白鹭	S	O	LC	LC		*	A,H	①
136.白鹭	R	O	LC	LC		***	A,B,C,D,F,H	①

(续表)

物种	居留类型	地理区系	CRLB	IUCN	保护等级	数量等级	生境类型	记录方式
137.牛背鹭	S	O	LC	LC		**	A,B,D,H	①
138.池鹭	R	O	LC	LC		**	A,D,H	①
139.绿鹭	S	O	LC	LC		*	H	②
140.夜鹭	R	O	LC	LC		**	A,B,D,H	①
141.黄嘴白鹭	S	Pa	EN	VU	I	*	H	②
142.海南鳽	R	O	EN	EN	I	/	/	⑥
143.黄斑苇鳽	S	O	LC	LC		*	H	④
144.紫背苇鳽	S	O	LC	LC		*	H	④
145.黑苇鳽	S	O	LC	LC		/	/	⑤
146.大麻鳽	W	Pa	LC	LC		*	H	②
147.卷羽鹈鹕	W	Pa	EN	NT	I	*	H	④
148.鹗	P	O	NT	LC	II	*	H	②
149.黑冠鹃隼	S	O	NT	LC	II	*	A	①⑤
150.凤头蜂鹰	P	O	NT	LC	II	*	F	①
151.黑翅鸢	R	O	NT	LC	II	*	A	①
152.黑鸢	R	E	LC	LC	II	*	H	①
153.秃鹫	W	Pa	VU	NT	I	/	/	⑥
154.蛇雕	R	O	NT	LC	II	**	B,C,D,F	①
155.白腹鹞	W	Pa	NT	LC	II	/	/	⑤
156.白尾鹞	W	Pa	NT	LC	II	*	G	②
157.鹊鹞	W	Pa	NT	LC	II	*	G	④
158.凤头鹰	R	O	NT	LC	II	**	A,B,C,D,E,F,H	①
159.赤腹鹰	S	O	LC	LC	II	*	A,B,D,F	①
160.日本松雀鹰	P	Pa	LC	LC	II	*	D	②③
161.松雀鹰	R	O	LC	LC	II	*	A,C,F	①
162.雀鹰	W	Pa	LC	LC	II	*	A	①
163.苍鹰	W	Pa	NT	LC	II	*	A	②③
164.灰脸鵟鹰	P	Pa	NT	LC	II	*	C	①
165.普通鵟	W	Pa	LC	LC	II	*	A,B,D,F	①
166.林雕	R	O	NT	LC	II	**	B,C,D,F,H	①
167.乌雕	W	Pa	EN	VU	I	/	/	⑤
168.白腹隼雕	R	O	VU	LC	II	/	D	②
169.鹰雕	R	O	NT	NT	II	*	D,E,F	①
170.领角鸮	R	O	LC	LC	II	*	B	①
171.北领角鸮	W	Pa	LC	LC	II	*	B	④
172.红角鸮	R	O	LC	LC	II	*	F	②
173.雕鸮	R	O	NT	LC	II	*	G	②
174.黄腿渔鸮	R	O	EN	LC	II	/	/	⑤
175.褐林鸮	R	O	NT	LC	II	*	F	②
176.领鸺鹠	R	O	LC	LC	II	*	C,D,F	①
177.斑头鸺鹠	R	O	LC	LC	II	*	C,D,H	①

（续表）

物种	居留类型	地理区系	CRLB	IUCN	保护等级	数量等级	生境类型	记录方式
178.日本鹰鸮	S	O	DD	LC	II	/	/	⑤
179.长耳鸮	W	Pa	LC	LC	II	/	/	⑤
180.短耳鸮	W	Pa	NT	LC	II	/	/	⑤
181.草鸮	R	O	NT	LC	II	/	/	⑤
182.戴胜	R	O	LC	LC		*	A	①
183.三宝鸟	S	O	LC	LC	S	*	A,B,D,F	①
184.普通翠鸟	R	O	LC	LC		**	A,B,C,D,F,H	①
185.白胸翡翠	R	O	LC	LC	II	/	/	⑤
186.蓝翡翠	S	O	LC	VU	S	*	H	①⑤
187.冠鱼狗	R	O	NT	LC		*	B,H	①
188.斑鱼狗	R	O	LC	LC		*	H	①
189.大拟啄木鸟	R	O	LC	LC		*	B,D,E,F	①
190.黑眉拟啄木鸟	R	O	LC	LC		*	D	②④
191.蚁䴕	W	Pa	LC	LC		*	G	④
192.斑姬啄木鸟	R	O	LC	LC		*	B,C,D,E,G,H	①
193.星头啄木鸟	R	O	LC	LC		**	B,C,D,E,F	①
194.大斑啄木鸟	R	O	LC	LC		**	A,B,C,D,E,F,H	①③
195.灰头绿啄木鸟	R	O	LC	LC		*	B,D	①③
196.黄嘴栗啄木鸟	R	O	LC	LC		*	E	①
197.棕腹啄木鸟	W	O	LC	LC		*	F	④
198.红隼	R	O	LC	LC	II	**	A,B,F,H	①
199.红脚隼	P	Pa	NT	LC	II	/	/	⑤
200.燕隼	P	O	LC	LC	II	*	B	①
201.游隼	R	E	NT	LC	II	*	A	①
202.仙八色鸫	S	O	VU	VU	II	*	D	②
203.黑枕黄鹂	S	O	LC	LC	S	*	A,D	①
204.淡绿鵙鹛	R	O	NT	LC		*	D	②
205.大鹃鵙	R	O	LC	LC		*	F	②
206.暗灰鹃鵙	S	O	LC	LC		/	/	⑤
207.小灰山椒鸟	S	O	LC	LC		**	A,B,C,D	①
208.灰山椒鸟	P	Pa	LC	LC		/	/	⑤
209.灰喉山椒鸟	R	O	LC	LC		**	A,B,C,D,F,H	①
210.黑卷尾	S	O	LC	LC		**	A,B,C,D	①③
211.灰卷尾	S	O	LC	LC		/	/	⑤
212.发冠卷尾	S	O	LC	LC		***	A,B,C,D,F	①
213.寿带	S	O	NT	LC	S	/	/	⑤
214.方尾鹟	V	E	LC	LC		*	F	②
215.虎纹伯劳	S	Pa	LC	LC		/	/	⑤
216.牛头伯劳	W	Pa	LC	LC		*	A,B,D,H	①
217.红尾伯劳	S	Pa	LC	LC		*	A,D,F,G	①
218.棕背伯劳	R	O	LC	LC		**	A,B,C,D,F,G,H	①

（续表）

物种	居留类型	地理区系	CRLB	IUCN	保护等级	数量等级	生境类型	记录方式
219.楔尾伯劳	W	Pa	LC	LC		*	G	②④
220.松鸦	R	Pa	LC	LC		***	A,B,C,D,E,F,H	①③
221.灰喜鹊	R	Pa	LC	LC		/	/	⑤
222.红嘴蓝鹊	R	O	LC	LC		***	A,B,C,D,E,F,H	①③
223.灰树鹊	R	O	LC	LC		***	A,B,C,D,F,H	①③
224.喜鹊	R	Pa	LC	LC		*	A,B	①
225.达乌里寒鸦	P	Pa	LC	LC		/	/	⑤
226.秃鼻乌鸦	W	Pa	LC	LC		*	G	②⑤
227.小嘴乌鸦	W	E	LC	LC		*	G	②
228.大嘴乌鸦	R	Pa	LC	LC		*	G	②⑤
229.白颈鸦	R	O	NT	VU	S	*	G	②
230.煤山雀	R	O	LC	LC		*	F	①
231.黄腹山雀*	R	O	LC	LC		**	D,E,F	①
232.大山雀	R	O	LC	LC		***	A,B,C,D,E,F,G,H	①③
233.中华攀雀	W	Pa	LC	LC		/	/	⑤
234.大短趾百灵	W	Pa	LC	LC		*	G	②
235.云雀	W	Pa	LC	LC	II	*	G	②
236.小云雀	R	O	LC	LC		*	A,H	①
237.棕扇尾莺	R	O	LC	LC		*	A	①
238.纯色山鹪莺	R	O	LC	LC		**	A,B,C,D,H	①
239.黑眉苇莺	S	Pa	LC	LC		*	G	②
240.东方大苇莺	S	Pa	LC	LC		*	G	②
241.厚嘴苇莺	P	Pa	LC	LC		/	/	⑤
242.远东苇莺	P	Pa	VU	VU		*	G	②
243.小鳞胸鹪鹛	R	O	LC	LC		*	D	①
244.棕褐短翅蝗莺	R	O	LC	LC		*	G	④
245.矛斑蝗莺	P	Pa	NT	LC	S	*	G	①
246.小蝗莺	P	Pa	DD	LC		*	G	②
247.淡色崖沙燕	R	E	LC	LC		**	H	①
248.家燕	S	O	LC	LC		***	A,B,C,D,F,H	①
249.金腰燕	S	O	LC	LC		***	A,B,C,D,F,H	①
250.毛脚燕	P	Pa	LC	LC		*	H	②
251.烟腹毛脚燕	R	Pa	LC	LC		**	B,F	①
252.领雀嘴鹎	R	O	LC	LC		****	A,B,C,D,E,F,G,H	①③
253.黄臀鹎	R	O	LC	LC		***	A,B,C,D,E,F,H	①
254.白头鹎	R	O	LC	LC		****	A,B,C,D,F,G,H	①③
255.栗背短脚鹎	R	O	LC	LC		***	A,B,C,D,E,F,H	①③
256.绿翅短脚鹎	R	O	LC	LC		***	A,B,C,D,E,F,H	①③
257.黑短脚鹎	R	O	LC	LC		***	A,B,C,D,F,H	①
258.褐柳莺	P	Pa	LC	LC		*	A,B,C,D,F,G	①
259.棕腹柳莺	S	O	LC	LC		*	D	②

（续表）

物种	居留类型	地理区系	CRLB	IUCN	保护等级	数量等级	生境类型	记录方式
260.巨嘴柳莺	P	Pa	LC	LC		*	G	②
261.黄腰柳莺	W	Pa	LC	LC		**	A,C,D,E,F,H	①
262.黄眉柳莺	W	Pa	LC	LC		**	A,B,C,D,F,G	①
263.极北柳莺	W	Pa	LC	LC		*	D	①
264.淡脚柳莺	P	Pa	LC	LC		*	D	①
265.冕柳莺	P	O	LC	LC		*	D	①
266.华南冠纹柳莺	R	O	LC	LC		**	B,C,D,E,F	①
267.黑眉柳莺	S	O	LC	LC		*	D	②
268.栗头鹟莺	S	O	LC	LC		*	D	①
269.灰冠鹟莺	S	O	LC	LC		*	D	②
270.淡尾鹟莺	S	O	LC	LC		*	D	②
271.云南柳莺	S	O	LC	LC		*	E,F	①
272.乌嘴柳莺	V	O	LC	LC		*	D,E,F	①
273.鳞头树莺	P	Pa	LC	LC		*	G	②
274.远东树莺	P	O	LC	LC		*	A,C,G,H	①
275.强脚树莺	R	O	LC	LC		**	A,B,C,D,E,F,G,H	①③
276.棕脸鹟莺	R	O	LC	LC		***	A,B,C,D,E,F,G,H	①③
277.银喉长尾山雀*	R	Pa	LC	LC		*	B,E	①
278.红头长尾山雀	R	O	LC	LC		***	A,B,C,D,E,F,G,H	①③
279.灰头鸦雀	R	O	LC	LC		***	B,C,D,E,F,H	①③
280.点胸鸦雀	R	O	LC	LC		*	G	②
281.棕头鸦雀	R	O	LC	LC		***	A,B,C,D,E,F,G,H	①③
282.短尾鸦雀	R	O	NT	LC	II	**	C,D,F	①
283.暗绿绣眼鸟	R	O	LC	LC		***	A,B,C,D,E,F,H	①③
284.栗颈凤鹛	R	O	LC	LC		***	C,D,F	①
285.华南斑胸钩嘴鹛*	R	O	LC	LC		**	A,B,C,D,E,F,G	①③
286.棕颈钩嘴鹛	R	O	LC	LC		***	A,B,C,D,E,F,G,H	①③
287.红头穗鹛	R	O	LC	LC		***	A,B,C,D,E,F,G,H	①③
288.淡眉雀鹛	R	O	LC	LC		***	A,B,C,D,E,F,G,H	①③
289.黑脸噪鹛	R	O	LC	LC		**	A,B,C,D,F	①
290.小黑领噪鹛	R	O	LC	LC		*	D	①③
291.黑领噪鹛	R	O	LC	LC		**	C,D,F,G,H	①③
292.灰翅噪鹛	R	O	LC	LC		*	C,D	①③
293.棕噪鹛*	R	O	LC	LC	II	**	D,F	①③
294.画眉	R	O	NT	LC	II	***	A,B,C,D,E,F,G,H	①③
295.白颊噪鹛	R	O	LC	LC		*	B,C,F	①③
296.红嘴相思鸟	R	O	LC	LC	II	**	C,D,E,F,G,H	①③
297.鹪鹩	W	Pa	LC	LC		*	H	④
298.褐河乌	R	O	LC	LC		**	A,B,D,F,H	①
299.八哥	R	O	LC	LC		**	A,B,F	①
300.黑领椋鸟	R	Pa	LC	LC		*	A,B	①

（续表）

物种	居留类型	地理区系	CRLB	IUCN	保护等级	数量等级	生境类型	记录方式
301.北椋鸟	P	Pa	LC	LC		*	G	④
302.灰背椋鸟	S	O	LC	LC		*	G	②
303.丝光椋鸟	R	O	LC	LC		***	A,B,C,D,F,G,H	①
304.灰椋鸟	R	Pa	LC	LC		**	A,D	①
305.橙头地鸫	S	O	LC	LC		*	D	③
306.白眉地鸫	P	Pa	LC	LC		*	D	③
307.虎斑地鸫	W	Pa	LC	LC		*	A,C,F	①③
308.灰背鸫	W	Pa	LC	LC		*	A,D,H	①③
309.乌灰鸫	P	O	LC	LC		*	D	③⑤
310.乌鸫*	R	O	LC	LC		***	A,B,C,D,F,G,H	①③
311.白眉鸫	P	Pa	LC	LC		/	D	③
312.白腹鸫	W	Pa	LC	LC		*	F	①③
313.红尾斑鸫	W	Pa	LC	LC		**	B,D,E	①③
314.斑鸫	W	Pa	LC	LC		**	A,B,C,D	①③
315.宝兴歌鸫*	W	Pa	NT	LC		*	G	④
316.红尾歌鸲	P	Pa	LC	LC		*	B,C,D	①③
317.北红尾鸲	W	Pa	LC	LC		***	A,B,C,D,E,F,G,H	①③
318.红尾水鸲	R	O	LC	LC		***	A,B,C,D,E,F,G,H	①
319.红喉歌鸲	P	Pa	LC	LC	II	*	F	①③
320.蓝喉歌鸲	P	Pa	LC	LC	II	*	A	①
321.蓝歌鸲	P	Pa	LC	LC		*	G	②④
322.红胁蓝尾鸲	W	Pa	LC	LC		**	A,B,C,D,E,F,G,H	①③
323.鹊鸲	R	O	LC	LC		**	A,B,C,D,F	①
324.白顶溪鸲	W	O	LC	LC		*	H	④
325.小燕尾	R	O	LC	LC		*	B,D,F,H	①
326.白额燕尾	R	O	LC	LC		**	A,B,C,D,E,F,H	①③
327.东亚石䳭	W	Pa	LC	LC		*	A,G,H	①
328.灰林䳭	R	O	LC	LC		*	D	②
329.白喉矶鸫	P	Pa	LC	LC		/	/	⑤
330.栗腹矶鸫	R	O	LC	LC		*	E	②
331.蓝矶鸫	R	O	LC	LC		*	D	①
332.紫啸鸫	R	O	LC	LC		**	A,B,C,D,E,F,H	①③
333.白喉林鹟	S	O	VU	VU	II	*	D	①
334.灰纹鹟	P	Pa	LC	LC		*	A,C,D	①
335.乌鹟	P	Pa	LC	LC		*	C,D	①
336.北灰鹟	P	Pa	LC	LC		*	B,C,D,H	①
337.白眉姬鹟	S	Pa	LC	LC		*	D	②④
338.鸲姬鹟	P	Pa	LC	LC		*	D,H	①
339.红喉姬鹟	P	Pa	LC	LC		/	/	⑤
340.白腹蓝鹟	P	Pa	LC	LC		*	D,F	①
341.铜蓝鹟	S	O	LC	LC		*	D	②④

（续表）

物种	居留类型	地理区系	CRLB	IUCN	保护等级	数量等级	生境类型	记录方式
342.戴菊	W	Pa	LC	LC		/	/	⑤
343.太平鸟	W	Pa	LC	LC		/	/	⑤
344.小太平鸟	W	Pa	LC	NT		*	D	④
345.丽星鹩鹛	R	O	NT	LC	S	*	D	①
346.橙腹叶鹎	R	O	LC	LC		*	D	①
347.叉尾太阳鸟	R	O	LC	LC		*	A	①
348.白腰文鸟	R	O	LC	LC		***	A,B,C,D,E,F,G,H	①
349.斑文鸟	R	O	LC	LC		***	A,B,C,D,F,G,H	①
350.山麻雀	R	O	LC	LC		***	A,B,C,D,E,F,G,H	①
351.麻雀	R	E	LC	LC		****	A,B,C,D,F,H	①
352.山鹡鸰	S	Pa	LC	LC		*	C,D	①
353.白鹡鸰	R	Pa	LC	LC		***	A,B,C,D,E,F,H	①
354.黄头鹡鸰	P	Pa	LC	LC	S	*	H	②
355.黄鹡鸰	P	Pa	LC	LC		*	D,H	①
356.灰鹡鸰	R	Pa	LC	LC		**	A,B,C,D,F,H	①
357.田鹨	W	Pa	LC	LC		*	A,F	①
358.树鹨	W	Pa	LC	LC		***	A,B,C,D,E,F,G,H	①③
359.北鹨	P	Pa	LC	LC		*	G	②
360.红喉鹨	W	Pa	LC	LC		/	/	⑤
361.水鹨	W	Pa	LC	LC		*	A,B,H	①
362.黄腹鹨	W	Pa	LC	LC		**	A	①
363.燕雀	W	Pa	LC	LC		***	A,B,C,D,F	①③
364.普通朱雀	W	Pa	LC	LC		*	A	①
365.黄雀	W	Pa	NT	LC		**	D,F	①
366.金翅雀	R	E	LC	LC		***	A,B,C,D,F,G,H	①
367.锡嘴雀	W	Pa	LC	LC		/	/	⑤
368.黑尾蜡嘴雀	W	Pa	LC	LC		*	A	①
369.黑头蜡嘴雀	W	Pa	NT	LC		/	/	⑤
370.红交嘴雀	W	Pa	LC	LC	II	*	D,E,F	①
371.铁爪鹀	W	Pa	LC	LC		*	G	②
372.凤头鹀	R	O	LC	LC		**	D,G	①
373.蓝鹀*	R	O	NT	LC	II	*	F	①
374.三道眉草鹀	R	Pa	LC	LC		**	A,B,C,D,G,H	①③
375.红颈苇鹀	W	Pa	NT	NT	S	*	G	②
376.白眉鹀	P	Pa	LC	LC		**	A,C,D,G	①③
377.栗耳鹀	P	Pa	LC	LC		*	A,G	①
378.小鹀	W	Pa	LC	LC		***	A,B,C,D,F,G,H	①
379.黄眉鹀	W	Pa	LC	LC		*	A,D	①③
380.田鹀	W	Pa	LC	VU		**	A,G,H	①
381.黄喉鹀	W	Pa	LC	LC		***	A,B,C,D,F,G,H	①③
382.黄胸鹀	P	Pa	CR	CR	I	**	G	②

（续表）

物种	居留类型	地理区系	CRLB	IUCN	保护等级	数量等级	生境类型	记录方式
383.栗鹀	P	Pa	LC	LC		*	B	①
384.灰头鹀	W	Pa	LC	LC		***	A,B,C,D,G,H	①③
385.苇鹀	W	Pa	LC	LC		*	G	②
386.芦鹀	W	Pa	LC	LC		*	G	②

注：①物种名后带"*"，表示中国特有种。

②居留类型中，"R"表示留鸟，"P"表示旅鸟，"S"表示夏候鸟，"W"表示冬候鸟，"V"表示迷鸟。下同。

③地理区系中，"Pa"表示古北界种，"O"表示东洋界种，"E"表示广布种。下同。

④保护等级中，"Ⅰ"表示国家一级重点保护野生动物，"Ⅱ"表示国家二级重点保护野生动物，"S"表示浙江省重点保护陆生野生动物。下同。

⑤数量等级中，"*"表示罕见，"**"表示少见，"***"表示易见，"****"表示常见。下同。

⑥生境类型中，"A"表示农田、种植园地，"B"表示城镇、村庄，"C"表示竹林，"D"表示阔叶林，"E"表示针叶林，"F"表示针阔混交林，"G"表示灌丛、草地，"H"表示溪流、库塘。下同。

⑦记录方式中，"①"表示样线，"②"表示样点，"③"表示红外相机，"④"表示留存影像的历史记录，"⑤"表示文献资料，"⑥"表示标本。下同。

6.5.2 生境类型

将临安区鸟类所分布的生境划分为 8 大类型：A 表示农田、种植园地；B 表示城镇、村庄；C 表示竹林（毛竹林、箬竹林等）；D 表示阔叶林；E 表示针叶林；F 表示针阔混交林；G 表示灌丛、草地；H 表示溪流、库塘（包括河流、水库、养殖水塘）。

8 种生境类型中，在农田、种植园地（A）生境下记录到的有鹌鹑、灰胸竹鸡、环颈雉、珠颈斑鸠、金眶鸻、扇尾沙锥、红隼、黑卷尾、棕背伯劳、纯色山鹪莺、家燕、蓝喉歌鸲、黄腹鹨、金翅雀、三道眉草鹀、白眉鹀等，共计 118 种；在城镇、村庄（B）生境下记录到的有牛背鹭、夜鹭、赤腹鹰、普通鵟、北领角鸮、三宝鸟、喜鹊、金腰燕、白头鹎、褐河乌、八哥、丝光椋鸟、白腰文鸟、麻雀、灰头鹀等，共 100 种；在竹林（C）生境下记录到的有白鹭、蛇雕、斑姬啄木鸟、灰喉山椒鸟、松鸦、黑短脚鹎、黄腰柳莺、华南冠纹柳莺、远东树莺、灰翅噪鹛、画眉、乌鸫、山麻雀等，共 88 种；在阔叶林（D）生境下记录到的有斑尾鹃鸠、小白腰雨燕、大鹰鹃、中杜鹃、鹰雕、领鸺鹠、大拟啄木鸟、黑眉拟啄木鸟、仙八色鸫、黑枕黄鹂、发冠卷尾、牛头伯劳、黄臀鹎、强脚树莺等，共 145 种；在针叶林（E）生境下记录到的有白鹇、斑姬啄木鸟、黄嘴栗啄木鸟、大山雀、黄臀鹎、华南冠纹柳莺、红尾斑鸫、北红尾鸲、山麻雀、树鹨等，共 50 种；在针阔混交林（F）生境下记录到的有小杜鹃、噪鹃、白鹭、凤头蜂鹰、松雀鹰、红角鸮、三宝鸟、方尾鹟、褐柳莺、栗耳凤鹛、棕噪鹛、虎斑地鸫、白腹蓝鹟、小鹀等，共 102 种；在灌丛、草地（G）生境下记录到珠颈斑鸠、西秧鸡、东方鸻、楔尾伯劳、白喉斑秧鸡、云雀、小蝗莺、鳞头树莺、红头穗鹛、灰眶雀鹛、黑喉石䳭、栗耳鹀、苇鹀等 75 种；在溪流、库塘（H）生境下记录到小天鹅、棉凫、绿眉鸭、斑脸海番鸭、中华秋沙鸭、长嘴剑鸻、翻石鹬、渔鸥、黑脸琵鹭、白顶溪鸲、黄头鹡鸰等共 185 种。

临安区各生境下鸟类种类数量关系为：溪流、库塘（H）＞阔叶林（D）＞农田、种植园地（A）＞城镇、村庄（B）＞针阔混交林（F）＞竹林（C）＞灌丛、草地（G）＞针叶林（E）。

相似性指数采用 Sorenson 指数：

$$S=2C/(A+B)$$

式中：S 为相似性指数；A 为群落 A 的种数；B 为群落 B 的种数；C 为群落 A、B 共有的种数。

通过对不同生境的鸟类群落相似性指数进行比较（表 6.5），可以看出：城镇、村庄鸟类群落与竹林鸟类群落相似度最高（S 为 0.747）；竹林鸟类群落与针阔混交林鸟类群落相似度第二（S 为 0.741）；城镇、村庄鸟类群落和针阔混交林鸟类群落相似度第三（S 为 0.716）。灌丛、草地鸟类群落及溪流、库塘鸟类群落结构与其他群落有明显差异，相似度整体较低，其中灌丛、草地鸟类群落和针叶林鸟类群落与溪流、库塘鸟类群落相似度明显偏低（S 分别为 0.259 和 0.288）。调查发现，临安区森林系统以常绿阔叶林为主，村庄、农田、竹林、针叶林等生境较为均匀地穿插其中，因此这些生境下的鸟类群落差异性并不大，但在青山湖湖区一带鸟类则以雁鸭、鸥鹬这类水鸟居多，一些过境候鸟（如远东苇莺、云雀、黄胸鹀、栗鹀等）则偏好湖区周围的芦苇灌丛、人工草地等生境，这些鸟类在其他生境下都没有记录，因此这两个生境下的鸟类群落差异较为突出。

表 6.5 临安区鸟类分布生境相似性指数矩阵

生境类型	城镇、村庄	竹林	阔叶林	针叶林	针阔混交林	灌丛、草地	溪流、库塘
农田、种植园地	0.700	0.644	0.593	0.398	0.603	0.385	0.492
城镇、村庄		0.747	0.678	0.541	0.716	0.368	0.459
竹林			0.704	0.574	0.741	0.444	0.435
阔叶林				0.450	0.656	0.341	0.411
针叶林					0.544	0.350	0.288
针阔混交林						0.358	0.390
灌丛、草地							0.259

6.6 鸟类群落随时间的动态变化情况

6.6.1 各季节居留类型与区系特征

对调查的样线、样点所观察记录的鸟类进行统计，其居留类型和地理区系随时间动态变化情况分别如图 6.5、图 6.6 所示。

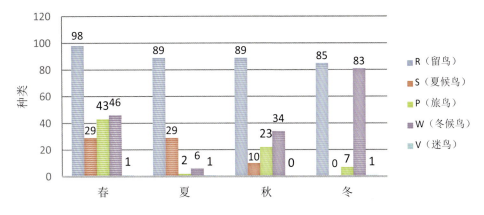

图 6.5 临安区鸟类各季节居留类型组成

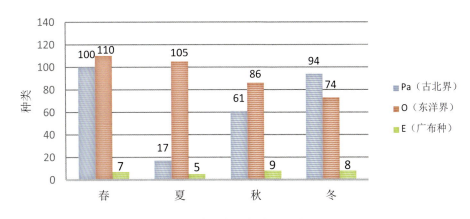

图 6.6 临安区鸟类各季节区系组成

春季调查（3—5 月）共发现鸟类 217 种。其中，留鸟最多，共 98 种，占临安区春季调查鸟类总种数的 45.16%；由于早春部分冬候鸟（如小鸦、白腹鸫、水鹨等）尚未迁徙离开，共记录到冬候鸟 46 种，占临安区春季调查鸟类总种数的 21.20%；夏候鸟 29 种，占临安区春季调查鸟类总种数的 13.36%；迷鸟 1 种，即西鹌鸡，占临安区春季调查鸟类总种数的 0.46%。从地理区系看，东洋界种 110 种，占临安区春季调查鸟类总种数的 50.69%；古北界种 100 种，占临安区春季调查鸟类总种数的 46.08%；广布种 7 种，占临安区春季调查鸟类总种数的 3.23%。

夏季调查（6—8 月）共发现鸟类 127 种。其中，留鸟共 89 种，占临安区夏季调查鸟类总种数的 70.07%；夏候鸟有黑枕黄鹂、黄斑苇鳽、噪鹃、发冠卷尾、三宝鸟、黑冠鹃隼、赤腹鹰、白眉姬鹟、牛背鹭等共 29 种，占临安区夏季调查鸟类总种数的 22.83%；旅鸟 2 种，为远东树莺和日本松雀鹰（2022 年 6 月记录于天目山景区，推测为不参与繁殖的个体），占临安区夏季调查鸟类总种数的 1.57%；8 月底冬候鸟在北方结束繁殖后迁徙入境，记录到冬候鸟 6 种，分别是黄眉柳莺、白腰草鹬、田鹨、灰背鸫、黄腰柳莺，占临安区夏季调查鸟类总种数的 4.72%；迷鸟 1 种，即方尾鹟，占临安区夏季调查鸟类总种数的 0.79%。从地理区系看，东洋界种 105 种，占临安区夏季调查鸟类总种数的 82.68%；古北界种 17 种，占临安区夏季调查鸟类总种数的 13.38%；广布种 5 种，占临安区夏季调查鸟类总种数的 3.93%。

秋季调查（9—11月）共发现鸟类156种。其中，留鸟89种，占临安区秋季调查鸟类总种数的57.05%；由于部分夏候鸟繁殖结束后迁徙出境，旅鸟和冬候鸟相继抵达，其间记录到夏候鸟10种，占临安区秋季调查鸟类总种数的6.41%；旅鸟23种，占临安区秋季调查鸟类总种数的14.74%；冬候鸟34种；占临安区秋季调查鸟类总种数的21.79%。从地理区系看，东洋界种86种，占临安区秋季调查鸟类总种数的55.13%；古北界种61种，占临安区秋季调查鸟类总种数的39.10%；广布种9种，占临安区秋季调查鸟类总种数的5.77%。

冬季调查（12月至翌年2月）共发现鸟类176种。其中，留鸟85种，占临安区冬季调查鸟类总种数的48.30%；旅鸟7种，占临安区冬季调查鸟类总种数的3.98%；冬候鸟83种，占临安区冬季调查鸟类总种数的47.16%；迷鸟1种，即绿眉鸭，占临安区冬季调查鸟类总种数的0.57%。从地理区系看，东洋界种74种，占临安区冬季调查鸟类总种数的42.05%；古北界种94种，占临安区冬季调查鸟类总种数的53.41%；广布种8种，占临安区冬季调查鸟类总种数的4.55%。

6.6.2 各季节丰富度和多样性

物种丰富度即物种的种数。物种多样性指数采用G-F指数。

春季临安境内气温回暖，雨量充沛，鸟类食物来源也较为丰富，本地鸟类活动逐渐活跃，加之在中国南方越冬的候鸟也陆续北迁，途经临安境内，在春季调查记录的鸟类数量为四季之最，其间共记录217种，多样性指数为0.866；进入6月后，气温进一步升高，鸟类仅在晨昏较为活跃，山区森林中的多数繁殖鸟开始育雏，但因植被茂密，给野外观察造成了一定困难，其间共记录鸟类127种，多样性指数为0.810，两项指数较春季显著下降，均为一年中最低；秋季炎热退去，在北方完成繁殖的鸟类开始南迁，鸟类种类和数量增多，共记录鸟类156种，多样性指数仅0.816；冬季气温下降，温度最低时，山区有积雪，青山湖湖区一带可观察到种类丰富的越冬候鸟（如鹤、雁鸭、鸻鹬、鸥、鹀等），共记录鸟类176种，多样性指数为0.838。详见图6.7。

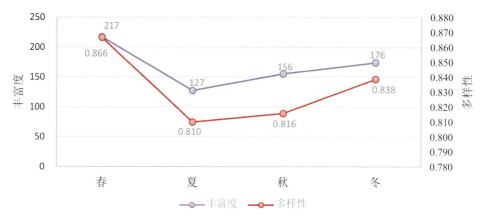

图 6.7 临安区鸟类各季节丰富度及多样性

6.6.3 各季节优势种和分布生境

临安区鸟类各季节种类、数量与生境的关系见图 6.8。

春季调查记录到鸟类约 1.22 万只，为四季之最。记录到种类最多的生境为城镇、村庄（101种）；排在第二的是灌丛、草地（96 种）；第三是阔叶林（73 种）；第四是农田、种植园地（70 种）；后续依次为溪流、库塘（63 种），针阔混交林（62 种），针叶林（43 种），竹林（27 种）。数量分布关系上，由多到少依次为：城镇、村庄＞灌丛、草地＞阔叶林＞农田、种植园地＞溪流、库塘＞针阔混交林＞针叶林＞竹林。

夏季调查记录到鸟类约 0.85 万只，为四季中最少。记录到鸟类种类最多的生境为阔叶林（80 种）；第二是溪流、库塘（71 种）；第三是针阔混交林（64 种）；第四是农田、种植园地（60 种）；后续依次为城镇、村庄（52 种），竹林（33 种），灌丛、草地（17 种），针叶林（3 种）。数量分布关系上，由多到少依次为：阔叶林＞溪流、库塘＞针阔混交林＞农田、种植园地＞城镇、村庄＞竹林＞灌丛、草地＞针叶林。

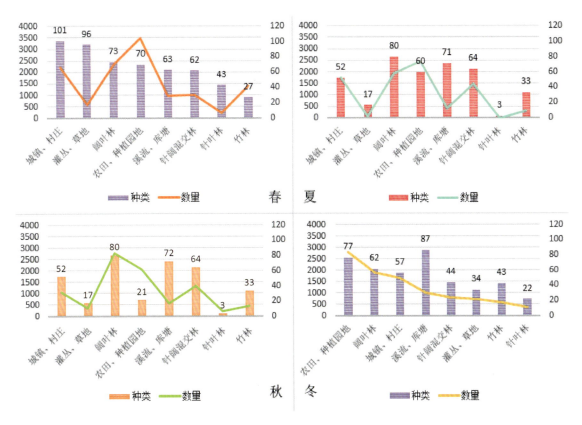

图 6.8 临安区鸟类各季节种类、数量与生境的关系

秋季调查记录到鸟类约 0.88 万只。记录到鸟类种类最多的生境为阔叶林（80 种）；第二是溪流、库塘（72 种）；第三是针阔混交林（64 种）；第四是城镇、村庄（52 种）；后续依次为竹林（33 种），农田、种植园地（21 种），灌丛、草地（17 种），针叶林（3 种）。数量分布

关系上，由多到少依次为：阔叶林＞溪流、库塘＞针阔混交林＞城镇、村庄＞竹林＞农田、种植园地＞灌丛、草地＞针叶林。

冬季调查记录到鸟类约 0.98 万只。记录到鸟类种类最多的生境为溪流、库塘（87 种）；第二是农田、种植园地（77 种）；第三是阔叶林（62 种）；第四是城镇、村庄（57 种）；后续依次为针阔混交林（44 种），竹林（43 种），灌丛、草地（34 种），针叶林（22 种）。数量分布关系上，由多到少依次为：溪流、库塘＞农田、种植园地＞阔叶林＞城镇、村庄＞针阔混交林＞竹林＞灌丛、草地＞针叶林。

6.7 种群数量估算

6.7.1 计算方法

物种 i 的种群密度 D_i 的计算公式如下：

$$D_i = N_i / S_i$$
$$S_i = 2n\pi R_i^2 + W_i L$$
$$W_i = 2R_i$$

式中：N_i 为全部调查样线内记录的物种 i 的总数量；S_i 为物种 i 的调查样线总面积；L 为调查样线总长度；W_i 为调查样线宽度；R_i 为物种 i 在各条样线上离观察者的平均距离；n 为调查样线总数。

上述计算方法仅适用于通过样线法调查获得的鸟类。

6.7.2 计算结果

根据上述公式对临安区各时间段鸟类的种群密度进行估算，由于项目周期内鸟类调查分别在四季进行，因此对每一季单独进行数量估算。若某种鸟类在当季样线调查中仅 1 次记录或未有记录的，其数量记录栏中用"/"标记。

临安区 386 种鸟类记录中有 196 种来自样线调查，其中 48 种鸟在各季中都仅记录 1 次，这些鸟类未列入计算，其余 148 种鸟类的种群数量计算结果见表 6.6。

表 6.6 临安区鸟类种群数量计算结果

物种	春		夏		秋		冬	
	频次	数量	频次	数量	频次	数量	频次	数量
1.麻雀	162	188000	175	213800	104	172700	87	523000
2.白头鹎	197	135000	269	188700	148	112800	64	123300
3.灰眶雀鹛	74	92400	37	39300	48	62200	44	174900
4.领雀嘴鹎	99	85700	174	100700	107	73100	112	454700
5.红嘴蓝鹊	146	67100	70	42600	82	54700	110	201800
6.棕头鸦雀	71	79500	41	43800	41	58700	31	327400

（续表）

物种	春		夏		秋		冬	
	频次	数量	频次	数量	频次	数量	频次	数量
7.山麻雀	81	70600	21	15600	10	4300	10	177100
8.珠颈斑鸠	142	64400	128	47700	108	42200	59	61900
9.白鹡鸰	188	68700	75	22900	152	61900	165	154500
10.红头长尾山雀	57	64500	19	30400	47	69100	32	181100
11.丝光椋鸟	46	53900	11	11000	9	13300	4	29300
12.大山雀	176	56300	86	30300	118	42400	132	83300
13.棕脸鹟莺	134	47500	29	6600	44	16900	44	38500
14.银喉长尾山雀	1	/	0	/	2	3700	0	/
15.暗绿绣眼鸟	53	36200	45	29400	39	52300	3	11800
16.灰头鸦	44	47500	0	/	34	24100	34	74800
17.家燕	53	42000	53	39800	0	/	0	/
18.金腰燕	31	38500	46	69300	3	7100	0	/
19.乌鸫	91	29400	19	3700	13	4300	28	56700
20.树鹨	36	28400	0	/	28	15500	82	107000
21.燕雀	4	22500	0	/	7	29800	9	91900
22.栗背短脚鹎	49	20500	45	22600	75	47100	23	49600
23.红尾水鸲	81	23800	53	13100	57	14800	65	48500
24.斑文鸟	17	24800	26	23700	34	37000	7	35500
25.绿翅短脚鹎	32	22600	40	17200	30	15800	22	65900
26.白鹭	49	14000	43	11400	70	11500	71	40100
27.金翅雀	28	17800	5	2500	12	17100	4	48800
28.棕颈钩嘴鹛	56	17700	56	18000	58	19000	42	53400
29.红头穗鹛	56	16400	20	7300	20	10200	14	15000
30.强脚树莺	78	16500	41	10900	10	2100	6	3100
31.灰头鸦雀	7	15700	2	2000	4	5000	5	59200
32.黑短脚鹎	27	13900	35	13200	17	9800	2	3500
33.黄臀鹎	15	14700	19	11700	26	22500	7	27000
34.小鸦	25	15200	0	/	8	3100	34	93400
35.小鹀鹛	19	8900	15	4400	22	6400	22	27300
36.灰树鹊	24	7100	39	16500	62	28000	14	19400
37.山斑鸠	29	8800	15	2600	27	6400	18	25100
38.白腰文鸟	9	8800	26	22500	8	11300	5	19400
39.栗耳凤鹛	9	7900	7	8400	3	8100	2	11000
40.松鸦	20	7500	8	4100	31	14900	10	11900
41.画眉	38	7100	79	24700	46	15700	26	22700
42.华南冠纹柳莺	18	7000	3	900	1	/	0	/
43.三道眉草鹀	18	8500	4	1700	1	/	12	44600
44.短尾鸦雀	8	5500	2	3000	1	/	2	10000
45.牛背鹭	6	5400	14	10300	1	/	0	/
46.烟腹毛脚燕	2	8200	0	/	0	/	0	/

（续表）

物种	春		夏		秋		冬	
	频次	数量	频次	数量	频次	数量	频次	数量
47.白额燕尾	34	5200	30	4000	44	8800	43	21400
48.鹊鸲	27	6400	38	13000	23	6000	24	15300
49.华南斑胸钩嘴鹛	19	5000	11	3300	19	6200	12	7100
50.纯色山鹪莺	18	6100	7	1600	10	2700	4	3200
51.北红尾鸲	30	7400	1	/	76	14100	142	79400
52.黄喉鹀	7	5900	0	/	16	8400	23	78100
53.紫啸鸫	23	3800	7	2700	11	2000	20	9000
54.灰胸竹鸡	19	3900	15	4000	9	3600	3	4000
55.灰鹡鸰	13	5300	5	1200	26	8200	5	2300
56.环颈雉	19	3400	0	/	6	1000	5	2000
57.灰喉山椒鸟	13	3700	2	1000	8	14900	2	800
58.黑领噪鹛	6	3700	2	600	6	6100	1	/
59.褐河乌	20	3300	9	1500	5	1200	11	4800
60.小灰山椒鸟	10	3200	0	/	0	/	0	/
61.红嘴相思鸟	5	3200	6	4600	4	6900	6	18500
62.棕背伯劳	19	3300	58	9700	59	9800	44	16600
63.白鹭	5	3400	1	/	3	2500	9	37600
64.黑卷尾	7	2700	1	/	1	/	0	/
65.大斑啄木鸟	13	2500	5	600	9	1700	7	2400
66.灰椋鸟	2	900	0	/	1	/	1	/
67.灰翅浮鸥	4	1500	0	/	0	/	0	/
68.夜鹭	5	1900	6	2400	8	2300	5	1800
69.斑鸫	6	1800	0	/	3	1100	5	14000
70.水鹨	6	2300	0	/	0	/	0	/
71.池鹭	12	1900	14	2800	0	/	0	/
72.黄腰柳莺	10	2100	3	1100	10	1900	6	2100
73.普通翠鸟	13	2100	14	1600	17	2300	14	4600
74.星头啄木鸟	12	2000	3	800	13	2600	15	7300
75.黄眉柳莺	10	1900	4	1700	13	4900	5	3800
76.灰纹鹟	9	1600	0	/	0	/	0	/
77.斑姬啄木鸟	11	1700	0	/	5	700	0	/
78.凤头鹰	10	500	3	100	6	400	6	500
79.白眉鸫	5	2000	0	/	9	4000	2	4100
80.远东树莺	5	1200	1	/	0	/	0	/
81.八哥	7	1300	10	4300	9	3600	7	5300
82.斑嘴鸭	1	/	0	/	2	700	4	6900
83.发冠卷尾	7	1100	33	16100	18	8400	0	/
84.白胸苦恶鸟	6	1300	1	/	0	/	0	/
85.林雕	7	200	1	/	8	300	5	400
86.田鹨	2	1200	0	/	1	/	4	18100

（续表）

物种	春		夏		秋		冬	
	频次	数量	频次	数量	频次	数量	频次	数量
87.北灰鹟	7	1000	0	/	1	/	0	/
88.棕扇尾莺	5	1200	0	/	0	/	1	/
89.赤腹鹰	8	500	4	800	1	/	0	/
90.领鸺鹠	7	1100	0	/	0	/	0	/
91.蛇雕	6	200	3	100	5	500	2	800
92.黑脸噪鹛	3	1000	6	3200	2	1800	7	3600
93.小燕尾	5	1000	1	/	1	/	6	1800
94.灰头麦鸡	4	800	0	/	0	/	0	/
95.山鹪鸰	3	700	0	/	0	/	0	/
96.金眶鸻	3	700	0	/	0	/	0	/
97.红胁蓝尾鸲	4	800	0	/	10	2200	28	16600
98.红尾歌鸲	4	600	0	/	0	/	0	/
99.黄腹鹨	1	/	0	/	0	/	6	32400
100.黑喉石䳭	3	600	0	/	10	1500	1	/
101.红隼	4	500	1	/	7	300	9	1300
102.棕噪鹛	1	/	6	3500	0	/	1	/
103.松雀鹰	2	100	1	/	1	/	0	/
104.黑领椋鸟	2	400	0	/	2	600	1	/
105.林鹬	2	600	0	/	1	/	1	/
106.喜鹊	3	400	1	/	1	/	5	2000
107.彩鹬	2	600	0	/	0	/	0	/
108.普通䴓	3	100	0	/	2	100	7	400
109.白腰草鹬	3	300	1	/	3	600	7	3400
110.栗耳鸡	2	300	0	/	0	/	1	/
111.红尾伯劳	3	400	5	800	2	400	0	/
112.斑头鸺鹠	3	400	2	400	3	300	2	1400
113.中白鹭	2	600	0	/	7	900	0	/
114.大鹰鹃	2	300	0	/	0	/	0	/
115.灰头绿啄木鸟	2	400	2	300	6	1300	2	2100
116.矶鹬	1	/	0	/	2	800	1	/
117.三宝鸟	2	200	7	1300	0	/	0	/
118.黑水鸡	2	400	0	/	1	/	5	2300
119.蓝喉歌鸲	2	500	0	/	0	/	0	/
120.青脚鹬	2	200	0	/	3	700	1	/
121.虎斑地鸫	2	200	0	/	0	/	2	600
122.小鳞胸鹪鹛	2	200	0	/	0	/	0	/
123.冕柳莺	2	200	0	/	0	/	0	/
124.普通夜鹰	2	47	0	/	1	/	0	/
125.苍鹭	1	/	0	/	2	200	1	/
126.白喉林鹟	2	200	0	/	0	/	0	/

（续表）

物种	春		夏		秋		冬	
	频次	数量	频次	数量	频次	数量	频次	数量
127.牛头伯劳	1	/	0	/	3	500	4	1400
128.大拟啄木鸟	1	/	2	100	1	/	0	/
129.灰背鸫	1	/	1	/	3	900	1	/
130.红脚田鸡	1	/	5	1000	3	400	3	1200
131.白腹蓝鹟	1	/	0	/	5	1300	0	/
132.扇尾沙锥	1	/	0	/	0	/	2	1100
133.红尾斑鸫	1	/	0	/	0	/	7	45200
134.冠鱼狗	1	/	4	700	0	/	1	/
135.鹰雕	1	/	1	/	3	100	0	/
136.斑鱼狗	1	/	1	/	2	600	2	300
137.白颊噪鹛	0	/	3	1200	1	/	1	/
138.田鹨	0	/	2	800	0	/	0	/
139.噪鹃	0	/	2	300	0	/	0	/
140.黄眉鹀	0	/	0	/	2	400	1	/
141.灰翅噪鹛	0	/	0	/	3	900	1	/
142.乌鹟	0	/	0	/	2	200	0	/
143.鸳鸯	0	/	0	/	2	300	1	/
144.褐柳莺	0	/	0	/	4	800	5	4000
145.黄腹山雀	0	/	0	/	2	700	1	/
146.黑鸢	0	/	0	/	2	100	1	/
147.小云雀	0	/	0	/	3	700	0	/
148.鸲姬鹟	0	/	0	/	3	700	0	/

6.8 珍稀濒危及中国特有种

在临安区记录的 386 种鸟类中，中国特有种有 8 种，即灰胸竹鸡、白颈长尾雉、华南斑胸钩嘴鹛、乌鸫、银喉长尾山雀、棕噪鹛、蓝鹇、淡眉雀鹛，占中国鸟类特有种（109 种，根据《中国鸟类分类与分布名录（第四版）》）的 7.33%，均为当地留鸟；地理区系上，银喉长尾山雀为古北界种，另外 7 种都是东洋界种。

临安区鸟类中，国家重点保护野生动物有 86 种。国家一级重点保护野生动物有 15 种，即白颈长尾雉、青头潜鸭、中华秋沙鸭、白鹤、白枕鹤、白头鹤、黑嘴鸥、东方白鹳、黑脸琵鹭、黄嘴白鹭、海南鳽、卷羽鹈鹕、秃鹫、乌雕、黄胸鹀。其中，留鸟 2 种，即白颈长尾雉、海南鳽；旅鸟 1 种，即黄胸鹀；夏候鸟 1 种，即黄嘴白鹭；冬候鸟 11 种，即青头潜鸭、中华秋沙鸭、白鹤、白枕鹤、白头鹤、黑嘴鸥、东方白鹳、黑脸琵鹭、卷羽鹈鹕、秃鹫、乌雕。国家二级重点保护野生动物有 71 种。其中，留鸟 30 种，即勺鸡、白鹇、斑尾鹃鸠、褐翅鸦鹃、小鸦鹃、黑翅鸢、黑鸢、蛇雕、凤头鹰、松雀鹰、林雕、白腹隼雕、鹰雕、领角鸮、北领角鸮、红角鸮、雕鸮、黄腿渔鸮、褐林鸮、领鸺鹠、斑头鸺鹠、草鸮、白胸翡翠、红隼、游隼、短尾鸦雀、棕噪鹛、画眉、红嘴相思鸟、蓝鹀；夏候鸟 7 种，即棉凫、水雉、黑冠鹃隼、赤腹鹰、日本鹰鸮、仙八色鸫、白喉林鹟；冬候鸟 21 种，即小天鹅、鸿雁、白额雁、小白额雁、鸳鸯、花脸鸭、斑头秋沙鸭、黑颈䴙䴘、灰鹤、白腰杓鹬、白琵鹭、白腹鹞、白尾鹞、鹊鹞、雀鹰、苍鹰、普通鵟、长耳鸮、短耳鸮、云雀、红交嘴雀；旅鸟 13 种，即半蹼鹬、小杓鹬、大杓鹬、翻石鹬、大滨鹬、鹗、凤头蜂鹰、日本松雀鹰、灰脸鵟鹰、红脚隼、燕隼、红喉歌鸲、蓝喉歌鸲。

另外，临安区鸟类中还有浙江省重点保护陆生野生动物 47 种，包括灰雁、豆雁、短嘴豆雁、斑脸海番鸭、普通秋沙鸭、红胸秋沙鸭、翘鼻麻鸭、赤麻鸭、红头潜鸭、凤头潜鸭、白眼潜鸭、白眉鸭、琵嘴鸭、罗纹鸭、赤膀鸭、赤颈鸭、绿眉鸭、斑嘴鸭、绿头鸭、针尾鸭、绿翅鸭、短嘴金丝燕、白喉斑秧鸡等。

临安区鸟类被《IUCN 红色名录》列入易危（VU）的有 16 种，即鸿雁、尖尾滨鹬、蓝翡翠、小白额雁、红头潜鸭、白枕鹤、白头鹤、黑嘴鸥、三趾鸥、黄嘴白鹭、乌雕、仙八色鸫、白颈鸦、远东苇莺、白喉林鹟、田鹀；濒危（EN）的鸟类 6 种：中华秋沙鸭、大杓鹬、大滨鹬、东方白鹳、黑脸琵鹭、海南鳽；极危（CR）的鸟类 3 种：青头潜鸭、白鹤、黄胸鹀。

临安区鸟类被《中国生物多样性红色名录》列为易危（VU）的有 12 种，有白颈长尾雉、鸿雁、小白额雁、秃鹫、白喉斑秧鸡、大杓鹬、红腹滨鹬、黑嘴鸥、白腹隼雕、仙八色鸫、远东苇莺、白喉林鹟；濒危（EN）的有 12 种，即棉凫、中华秋沙鸭、白枕鹤、白头鹤、东方白鹳、黑脸琵鹭、黄嘴白鹭、海南鳽、卷羽鹈鹕、乌雕、黄腿渔鸮、大滨鹬；极危（CR）的有 3 种，即青头潜鸭、白鹤、黄胸鹀。详见表 6.7。

表 6.7 临安区珍稀濒危鸟类、重点保护鸟类及中国特有鸟类

目、科、种	IUCN	CRLB	中国特有种	保护等级
鸡形目 GALLIFORMES				
雉科 Phasianidae				
1.灰胸竹鸡 *Bambusicola thoracica*	LC	LC	√	
2.勺鸡 *Pucrasia macrolopha*	LC	LC		II
3.白鹇 *Lophura nycthemera*	LC	LC		II
4.白颈长尾雉 *Syrmaticus ellioti*	NT	VU	√	I
雁形目 ANSERIFORMES				
鸭科 Anatidae				
5.小天鹅 *Cygnus columbianus*	LC	NT		II
6.鸿雁 *Anser cygnoides*	EN	VU		II
7.豆雁 *Anser fabalis*	LC	LC		S
8.短嘴豆雁 *Anser serrirostris*	LC	LC		S
9.白额雁 *Anser albifrons*	LC	LC		II
10.小白额雁 *Anser erythropus*	VU	VU		II
11.灰雁 *Anser anser*	LC	LC		S

（续表）

目、科、种	IUCN	CRLB	中国特有种	保护等级
12.赤麻鸭 *Tadorna ferruginea*	LC	LC		S
13.翘鼻麻鸭 *Tadorna tadorna*	LC	LC		S
14.棉凫 *Nettapus coromandelianus*	LC	EN		II
15.鸳鸯 *Aix galericulata*	LC	NT		II
16.赤颈鸭 *Mareca penelope*	LC	LC		S
17.罗纹鸭 *Mareca falcata*	NT	NT		S
18.赤膀鸭 *Mareca strepera*	LC	LC		S
19.花脸鸭 *Sibirionetta formosa*	LC	NT		II
20.绿翅鸭 *Anas crecca*	LC	LC		S
21.绿眉鸭 *Mareca americana*	LC	DD		S
22.绿头鸭 *Anas platyrhynchos*	LC	LC		S
23.斑嘴鸭 *Anas zonorhyncha*	LC	LC		S
24.针尾鸭 *Anas acuta*	LC	LC		S
25.白眉鸭 *Spatula querquedula*	LC	LC		S
26.琵嘴鸭 *Spatula clypeata*	LC	LC		S
27.红头潜鸭 *Aythya ferina*	VU	LC		S
28.青头潜鸭 *Aythya baeri*	CR	CR		I
29.白眼潜鸭 *Aythya nyroca*	NT	NT		S
30.凤头潜鸭 *Aythya fuligula*	LC	LC		S
31.斑脸海番鸭 *Melanitta fusca*	VU	NT		S
32.斑头秋沙鸭 *Mergellus albellus*	LC	LC		II
33.红胸秋沙鸭 *Mergus serrator*	LC	LC		S
34.普通秋沙鸭 *Mergus merganser*	LC	LC		S
35.中华秋沙鸭 *Mergus squamatus*	EN	EN		I
鹱形目 PROCELLARIIFORMES				
鹱科 Procellariidae				
36.白额鹱 *Calonectris leucomelas*	NT	DD		S
䴙䴘目 PODICIPEDIFORMES				
䴙䴘科 Podicipedidae				
38.黑颈䴙䴘 *Podiceps nigricollis*	LC	LC		II
鸽形目 COLUMBIFORMES				
鸠鸽科 Columbidae				
39.斑尾鹃鸠 *Macropygia unchall*	LC	NT		II
鹃形目 CUCULIFORMES				
杜鹃科 Cuculidae				
40.褐翅鸦鹃 *Centropus sinensis*	LC	LC		II
41.小鸦鹃 *Centropus bengalensis*	LC	LC		II
鹤形目 GRUIFORMES				
秧鸡科 Rallidae				
42.白喉斑秧鸡 *Rallina eurizonoides*	LC	VU		S
43.董鸡 *Gallicrex cinerea*	LC	NT		S

（续表）

目、科、种	IUCN	CRLB	中国特有种	保护等级
鹤科 Gruidae				
44..白鹤 *Grus leucogeranus*	CR	CR		I
45..白枕鹤 *Grus vipio*	VU	EN		I
46..灰鹤 *Grus grus*	LC	NT		II
47..白头鹤 *Grus monacha*	VU	EN		I
鸻形目 CHARADRIIFORMES				
鸻科 Charadriidae				
48.凤头麦鸡 *Vanellus vanellus*	NT	LC		S
49.长嘴剑鸻 *Charadrius placidus*	LC	NT		S
水雉科 Jacanidae				
50.水雉 *Hydrophasianus chirurgus*	LC	NT		II
鹬科 Scolopacidae				
51.半蹼鹬 *Limnodromus semipalmatus*	NT	NT		II
52.小杓鹬 *Numenius minutus*	LC	NT		II
53.白腰杓鹬 *Numenius arquata*	NT	NT		II
54.大杓鹬 *Numenius madagascariensis*	EN	VU		II
55.翻石鹬 *Arenaria interpres*	LC	LC		II
56.大滨鹬 *Calidris tenuirostris*	EN	VU		II
57.红腹滨鹬 *Calidris canutus*	NT	VU		S
58.黑尾塍鹬 *Limosa limosa*	NT	LC		S
59.灰尾漂鹬 *Tringa brevipes*	NT	LC		S
60.红颈滨鹬 *Calidris ruficollis*	NT	LC		S
61.弯嘴滨鹬 *Calidris ferruginea*	NT	NT		S
62.尖尾滨鹬 *Calidris acuminata*	VU	LC		
鸥科 Laridae				
63.黑尾鸥 *Larus crassirostris*	LC	LC		S
64.黑嘴鸥 *Saundersilarus saundersi*	VU	VU		I
65.三趾鸥 *Rissa tridactyla*	VU	LC		S
66.白额燕鸥 *Sternula albifrons*	LC	LC		S
67.普通燕鸥 *Sterna hirundo*	LC	LC		S
68.灰翅浮鸥 *Chlidonias hybrida*	LC	LC		S
69.白翅浮鸥 *Chlidonias leucopterus*	LC	LC		S
鹳形目 CICONIIFORMES				
鹳科 Ciconiidae				
70.东方白鹳 *Ciconia boyciana*	EN	EN		I
鹈形目 PELECANIFORMES				
鹮科 Threskiornithidae				
71.白琵鹭 *Platalea leucorodia*	LC	NT		II
72.黑脸琵鹭 *Platalea minor*	EN	EN		I
鹭科 Ardeidae				
73.海南鳽 *Gorsachius magnificus*	EN	EN		I

（续表）

目、科、种	IUCN	CRLB	中国特有种	保护等级
74.黄嘴白鹭 *Egretta eulophotes*	VU	EN		I
鹈鹕科 Pelecanidae				
75.卷羽鹈鹕 *Pelecanus crispus*	NT	EN		I
鹰形目 ACCIPITRIFORMES				
雨燕科 Apodidae				
76.短嘴金丝燕 *Aerodramus brevirostris*	LC	NT		S
鹗科 Pandionidae				
77.鹗 *Pandion haliaetus*	LC	NT		II
鹰科 Accipitridae				
78.黑冠鹃隼 *Aviceda leuphotes*	LC	LC		II
79.凤头蜂鹰 *Pernis ptilorhynchus*	LC	NT		II
80.黑翅鸢 *Elanus caeruleus*	LC	NT		II
81.黑鸢 *Milvus migrans*	LC	LC		II
82.秃鹫 *Aegypius monachus*	NT	NT		I
83.蛇雕 *Spilornis cheela*	LC	NT		II
84.白腹鹞 *Circus spilonotus*	LC	NT		II
85.白尾鹞 *Circus cyaneus*	LC	NT		II
86.鹊鹞 *Circus melanoleucos*	LC	NT		II
87.凤头鹰 *Accipiter trivirgatus*	LC	NT		II
88.赤腹鹰 *Accipiter soloensis*	LC	LC		II
89.日本松雀鹰 *Accipiter gularis*	LC	LC		II
90.松雀鹰 *Accipiter virgatus*	LC	LC		II
91.雀鹰 *Accipiter nisus*	LC	LC		II
92.苍鹰 *Accipiter gentilis*	LC	NT		II
93.灰脸鵟鹰 *Butastur indicus*	LC	NT		II
94.普通鵟 *Buteo japonicus*	LC	LC		II
95.林雕 *Ictinaetus malaiensis*	LC	VU		II
96.乌雕 *Clanga clanga*	VU	EN		I
97.白腹隼雕 *Aquila fasciata*	LC	VU		II
98.鹰雕 *Nisaetus nipalensis*	LC	NT		II
鸮形目 STRIGIFORME				
鸱鸮科 Strigidae				
99.领角鸮 *Otus lettia*	LC	LC		II
100.北领角鸮 *Otus semitorques*	LC	LC		II
101.红角鸮 *Otus sunia*	LC	LC		II
102.雕鸮 *Bubo bubo*	LC	NT		II
103.黄腿渔鸮 *Ketupa flavipes*	LC	EN		II
104.褐林鸮 *Strix leptogrammica*	LC	NT		II
105.领鸺鹠 *Glaucidium brodiei*	LC	LC		II
106.斑头鸺鹠 *Glaucidium cuculoides*	LC	LC		II
107.日本鹰鸮 *Ninox japonica*	LC	DD		II

（续表）

目、科、种	IUCN	CRLB	中国特有种	保护等级
108.长耳鸮 *Asio otus*	LC	LC		II
109.短耳鸮 *Asio flammeus*	LC	NT		II
草鸮科 **Tyonidae**				
110.草鸮 *Tyto longimembris*	LC	DD		II
佛法僧目 **CORACIIFORMES**				
佛法僧科 **Coraciidae**				
112.三宝鸟 *Eurystomus orientalis*	LC	LC		S
翠鸟科 **Alcedinidae**				
113.白胸翡翠 *Halcyon smyrnensis*	LC	LC		II
114.蓝翡翠 *Halcyon pileata*	VU	LC		S
隼形目 **FALCONIFORMES**				
隼科 **Falconidae**				
115.红隼 *Falco tinnunculus*	LC	LC		II
116.红脚隼 *Falco amurensis*	LC	NT		II
117.燕隼 *Falco subbuteo*	LC	LC		II
118.游隼 *Falco peregrinus*	LC	NT		II
雀形目 **PASSERIFORMES**				
八色鸫科 **Pittdae**				
119.仙八色鸫 *Pitta nympha*	VU	VU		II
黄鹂科 **Oriolidae**				
120.黑枕黄鹂 *Oriolus chinensis*	LC	LC		S
王鹟科 **Monarchidae**				
121.寿带 *Terpsiphone incei*	LC	NT		S
鸦科 **Corvidae**				
122.白颈鸦 *Corvus pectoralis*	VU	NT		S
百灵科 **Alaudidae**				
123.云雀 *Alauda arvensis*	LC	LC		II
苇莺科 **Acrocephalidae**				
124.远东苇莺 *Acrocephalus tangorum*	VU	VU		
长尾山雀科 **Aegithalidae**				
125.银喉长尾山雀 *Aegithalos glaucogularis*	LC	LC	√	
鸦雀科 **Paradoxornithidae**				
126.短尾鸦雀 *Neosuthora davidiana*	LC	NT		II
林鹛科 **Timaliidae**				
127.华南斑胸钩嘴鹛 *Erythrogenys swinhoei*	LC	LC	√	
噪鹛科 **Leiothrichidae**				
128.棕噪鹛 *Garrulax poecilorhynchus*	LC	LC	√	II
129.画眉 *Garrulax canorus*	LC	NT		II
130.红嘴相思鸟 *Leiothrix lutea*	LC	LC		II
鸫科 **Turdidae**				
131.乌鸫 *Turdus mandarinus*	LC	LC	√	

（续表）

目、科、种	IUCN	CRLB	中国特有种	保护等级
鹟科 Muscicapidae				
132.红喉歌鸲 *Calliope calliope*	LC	LC		II
133.蓝喉歌鸲 *Luscinia svecica*	LC	LC		II
134.白喉林鹟 *Cyornis brunneatus*	VU	VU		II
花蜜鸟科 Nectariniidae				
135.叉尾太阳鸟 *Aethopyga christinae*	LC	LC		S
鹀科 Emberizidae				
136.蓝鹀 *Emberiza siemsseni*	LC	LC	√	II
137.田鹀 *Emberiza rustica*	VU	LC		
138.黄胸鹀 *Emberiza aureola*	CR	CR		I
139.红颈苇鹀 *Emberiza yessoensis*	NT	NT		S
燕雀科 Fringillidae				
140.红交嘴雀 *Loxia curvirostra*	LC	LC		II
丽星鹩鹛科 Elachuridae				
141.丽星鹩鹛 *Elachura formosa*	LC	NT		S
鹡鸰科 Motacillidae				
142.黄头鹡鸰 *Motacilla citreola*	LC	LC		S
雀鹛科 Alcippeidae				
143.淡眉雀鹛 *Alcippe hueti*	LC	LC	√	

6.9 调查新记录

临安区内清凉峰国家级自然保护区、天目山国家级自然保护区、青山湖国家森林公园早年都曾开展过鸟类的调查工作，具备一定的历史资料。项目组根据所收集的科考报告和论文等，依照《中国鸟类分类与分布名录（第四版）》的分类系统厘定之后，整理出以下 34 种临安区鸟类调查新记录，其中包含 4 个杭州新记录和 2 个浙江新记录。详见表 6.8。

表 6.8 临安区鸟类调查新记录

物种	记录人	记录时间	记录地点	备注
1.棉凫	赵金富、徐卫南、温超然	2022 年 5 月	青山湖	临安新记录
2.绿眉鸭	高欣等	2021 年 12 月	青山湖	浙江新记录
3.白眼潜鸭	赵金富	2022 年 11 月	青山湖	临安新记录
4.斑头秋沙鸭	钱程	2022 年 12 月	青山湖	临安新记录
5.红胸秋沙鸭	王卫国	2022 年 12 月	青山湖	临安新记录
6.白额鹱	邰则语	2023 年 11 月	青山湖	临安新记录
7.黑颈鸊鷉	刘晟	2022 年 11 月	青山湖	临安新记录
8.小田鸡	沈燕、胡诗彤	2023 年 10 月	青山湖	临安新记录
9.西秧鸡	王莹	2023 年 3 月	青山湖	临安新记录
10.斑尾鹃鸠	汤腾	2021 年 8 月	天目山	杭州新记录
11.短嘴金丝燕	赵金富	2022 年 8 月	青山湖	临安新记录

（续表）

物种	记录人	记录时间	记录地点	备注
12.蒙古沙鸻	赵金富	2022 年 1 月	青山湖	临安新记录
13.翘嘴鹬	赵金富	2022 年 1 月	青山湖	临安新记录
14.翻石鹬	赵金富	2022 年 5 月	青山湖	临安新记录
15.红腹滨鹬	赵金富	2022 年 1 月	青山湖	临安新记录
16.红颈瓣蹼鹬	张校杰等	2022 年 10 月	青山湖	临安新记录
17.黑尾鸥	邰则语、刘晟	2022 年 3 月	青山湖	临安新记录
18.渔鸥	邰则语、刘晟	2022 年 3 月	青山湖	临安新记录
19.鸥嘴噪鸥	赵金富	2022 年 1 月	青山湖	临安新记录
20.大鹃鵙	薄顺奇	2023 年 6 月	天目山	杭州新记录
21.小嘴乌鸦	刘晟	2022 年 11 月	青山湖	临安新记录
22.大短趾百灵	徐曦	2022 年 5 月	青山湖	临安新记录
23.远东苇莺	王洪民	2023 年 5 月	青山湖	浙江新记录
24.小蝗莺	徐卫南	2022 年 2 月	青山湖	临安新记录
25.毛脚燕	张校杰等	2022 年 10 月	青山湖	杭州新记录
26.普通朱雀	汤腾	2022 年 5 月	青山湖	临安新记录
27.铁爪鹀	冯欣夷	2023 年 11 月	青山湖	临安新记录
28.红颈苇鹀	王一安等	2022 年 10 月	青山湖	临安新记录
29.苇鹀	裘华鸣	2022 年 11 月	青山湖	临安新记录
30.芦鹀	仲夏	2022 年 11 月	青山湖	临安新记录
31.黄嘴白鹭	梁洁	2024 年 6 月	青山湖	临安新记录
32.云南柳莺	武戈	2023 年 7 月	太子尖	杭州新记录
33.乌嘴柳莺	钱程	2024 年 7 月	太子尖	临安新记录
34.红交嘴雀	钱程	2024 年 7 月	太子尖	临安新记录

6.10 历史记录厘定

对《天目山动物志》《浙江清凉峰生物多样性研究》《临安珍稀野生动物图鉴》及其他历史资料中临安区鸟类名录进行整理，并综合本次调查成果，做出以下调整。

1. 删除"大天鹅 *Cygnus cygnus*"

经核实，其为一笔"小天鹅 *Cygnus columbianus*"救助记录的误定。

2. 删除"灰背隼 *Falco columbarius*"

该鸟为浙江罕见的冬候鸟，主要发现于沿海地区，临安无照片记录，记录存疑，因此删除。

3. 删除"普通䴓 *Sitta europaea*"

20 世纪 70—80 年代，普通䴓在浙江分布广泛，但近 20 年在浙江无记录，因此删除。

4. 删除"灰斑鸠 *Streptopelia decaocto*"

灰斑鸠在浙江省仅在温州永嘉有过一笔记录，临安无明显证据，历史记录存疑，推测或为火斑鸠雌鸟的误定，因此删除。

5. 删除"黄颊山雀 *Machlolophus spilonotus*"

黄颊山雀在浙江省主要分布于南部地区，历史记录应为其他种的误定，因此删除。

6. 删除"白眶鹟莺 *Phylloscopus intermedius*"

白眶鹟莺在浙江省主要分布于南部地区，为高海拔繁殖鸟，在浙北暂无明确记录，历史记录应为比氏鹟莺或淡尾鹟莺的误定，因此删除。

7. 删除"比氏鹟莺 *Phylloscopus valentini*"

早期金眶系鹟莺一共被拆分成 6 种：灰冠鹟莺 *Phylloscopus tephrocephalus*、淡尾鹟莺 *Phylloscopus soror*、比氏鹟莺、金眶鹟莺 *Phylloscopus burkii*、韦氏鹟莺 *Phylloscopus whistleri*、峨眉鹟莺 *Seicercus omeiensis*。临安有记录的为淡尾鹟莺和灰冠鹟莺两种，历史记录应为这两种的误定，因此删除。

8. 删除"黄腹树莺 *Horornis acanthizoides*"

浙江省目前无黄腹树莺的明确分布记录，历史记录应为其他种的误定，因此删除。

9. 删除"灰背燕尾 *Enicurus schistaceus*"

灰背燕尾主要分布于浙江南部，文献中的灰背燕尾记录无明确证据，因此删除。

10. 删除"灰鹀 *Emberiza variabilis*"

目前浙江省尚无灰鹀的明确分布记录，历史记录应为蓝鹀的误定，因此删除。

参考文献

Harris R B, Burnham K P. 关于使用样线法估计种群密度. 动物学报, 2002(6): 812-818.

IUCN. The IUCN red list of threatened species[EB/OL]. [2023-08-27]. https://www.iucnredlist.org.

陈道剑, 庾太林, 邹发生. 样线法调查中森林鸟类有效宽度的选择. 生态学杂志, 2019, 38(10): 3228-3234.

丁平, 童彩亮, 翁东明. 浙江清凉峰生物多样性研究. 北京: 中国林业出版社, 2020.

龚大洁, 李晓军, 万丽霞, 等. 岐山县南北两山鸟类调查与 G-F 指数分析. 西北师范大学学报(自然科学版），2013, 49(5): 84-90.

国家林业和草原局. 有重要生态、科学、社会价值的陆生野生动物名录（公告 2023 年第 17 号）[EB/OL]. (2023-06-30)[2024-03-08]. https://www.forestry.gov.cn/c/www/gkzfwj/509750.jhtml.

国家林业和草原局, 农业农村部. 国家林业和草原局 农业农村部公告（2021 年第 3 号）（国家重点保护野生动物名录）[EB/OL]. (2021-02-01)[2024-03-08]. https://www.forestry.gov.cn/lyj/1/gkgfxwj/20210201/546057.html.

蒋志刚, 纪力强. 鸟兽物种多样性测度的 G-F 指数方法. 生物多样性, 1999(3): 61-66.

马敬能, 菲利普斯, 何芬奇. 中国鸟类野外手册. 2 版. 长沙: 湖南教育出版社, 2019.

阮韵. 广西内陆风电场建设区鸟类种群密度和有效样线宽度及其影响因素的研究. 桂林: 广西师范

大学, 2022.

生态环境部, 中国科学院. 关于发布《中国生物多样性红色名录—脊椎动物卷（2020）》和《中国生物多样性红色名录—高等植物卷（2020）》的公告[EB/OL].(2023-05-22)[2024-03-08]. https://www.mee.gov.cn/xxgk2018/xxgk/xxgk01/202305/t20230522_1030745.html.

汪国海, 董佩佩, 韦丽娟, 等. 基于 G-F 指数的广西鸟类多样性分析. 安徽农业科学, 2023, 51(15): 85-87,103.

文雪, 严勇, 和梅香, 等. 2 种调查方法对四川黑竹沟国家级自然保护区 3 种雉类种群密度调查的比较. 四川动物, 2020, 39(1): 68-74.

吴颢林, 汪慧琳, 张伦然, 等. 常见鸟类多样性调查方法的比较与应用研究. 陆地生态系统与保护学报, 2023, 3(4): 74-86.

吴鸿, 鲁庆彬, 杨淑贞. 天目山动物志（第十一卷）. 杭州: 浙江大学出版社, 2021.

徐卫南, 王义平. 临安珍稀野生动物图鉴. 北京: 中国农业科学技术出版社, 2018.

许龙, 张正旺, 丁长青. 样线法在鸟类数量调查中的运用. 生态学杂志, 2003(5): 127-130.

张倩雯, 龚粤宁, 宋相金, 等. 红外相机技术与其他几种森林鸟类多样性调查方法的比较. 生物多样性, 2018, 26(3): 229-237.

张雁云, 郑光美. 中国生物多样性红色名录·脊椎动物·第二卷 鸟类. 北京: 科学出版社, 2021.

赵俊松, 张梅, 王远剑, 等. 云南大山包黑颈鹤国家级自然保护区鸟类 G-F 指数及区系分析. 昭通学院学报, 2021, 43(5): 18-22.

浙江动物志编辑委员会. 浙江动物志·鸟类. 杭州: 浙江科学技术出版社, 1990.

浙江省林业局. 浙江省林业局关于公开征求《浙江省重点保护陆生野生动物名录（征求意见稿）》意见的函[EB/OL]. (2023-09-06)[2023-12-06]. http://lyj.zj.gov.cn/art/2023/9/6/art_1275954_59059010.html.

浙江省人民政府办公厅. 浙江省人民政府办公厅关于公布浙江省重点保护陆生野生动物名录的通知[EB/OL]. (2016-03-02)[2023-12-06]. http://lyj.zj.gov.cn/art/2016/3/2/art_1275955_59057202.html.

郑光美. 中国鸟类分类与分布名录. 4 版. 北京: 科学出版社, 2023.

郑炜, 葛晨, 李忠秋, 等. 鸟类种群密度调查和估算方法初探. 四川动物, 2012, 31(1): 84-88.

中华人民共和国濒危物种科学委员会. 2023 年 CITES 附录中文版[EB/OL]. (2023-02-27)[2024-03-08]. http://www.cites.org.cn/citesgy/fl/202302/t20230227_734178.html.

周雯慧, 朱京海, 刘合鑫, 等. 湿地鸟类调查方法概述. 野生动物学报, 2018, 39(3): 588-593.

第7章 兽类资源

7.1 调查路线和时间

2021 年 1 月至 2022 年 6 月，项目组在临安区内开展了兽类调查。项目组根据不同兽类生活习性、体型大小等生物学特征，采用不同的调查方法进行针对性的调查：利用样线法、红外相机拍摄法、访问法、资料收集法等对中大型兽类展开调查；利用夹夜法、网捕法等对小型兽类（啮齿目、劳亚食虫目、翼手目等）进行调查。

调查总历时 1 年半，其间共组织了数十次大规模的外业调查。本次调查将临安区划分为 192 个 2km×2km 的调查网格，每个网格布设 1 台红外相机，如图 7.1 所示。

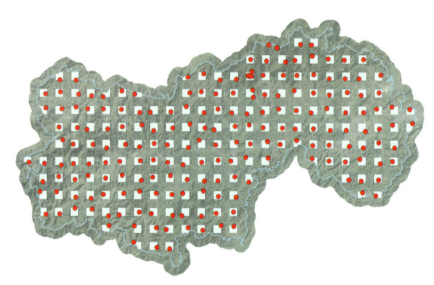

图 7.1 临安区兽类调查及红外相机布设网格

7.2 调查方法和物种鉴定

7.2.1 调查方法

临安区兽类调查以红外相机拍摄法、样线法、夹夜法和陷阱法（食虫目、啮齿目）、网捕法（翼手目）为主，辅以访问法和资料收集法。

104

1.红外相机拍摄法

当野生动物从红外相机前方经过时，红外相机收到红外感应信号并自动触发，拍摄照片或视频进行记录。调查时根据不同海拔高度和生境安放红外相机，通常选择兽径、水源地、觅食场所等，也可选择在有兽类活动痕迹（粪便、足迹等）附近安放。相机直接捆绑于离地面约 0.5m 高的树干上，使拍摄角度平行于水平地面。

2. 样线法

样线法在保证后勤补给与可到达性的基础上，尽可能覆盖临安区所有的生境类型、海拔梯度、地形地貌等生态特征。调查时沿样线两侧仔细搜索和观察动物的活动痕迹，如足迹、粪便、卧迹、啃食痕迹、拱迹、洞巢穴等，包括越过样线的个体以及一定的样线预定宽度以外的个体活动痕迹。详细记录发现的动物个体、粪便、活动痕迹以及对应的地理坐标，并通过拍摄照片、采集样品等方法留存记录，以确保物种鉴定的准确性。

3. 夹夜法

在临安区的阔叶林、针阔混交林、竹林、农田等不同生境，布设捕鼠笼以捕捉小型兽类。捕鼠笼一般入夜时放置，次日清晨收回，放置时间一般不超过 12h。仔细辨识捕捉到的小型兽类，区分物种。

4. 陷阱法

在夹夜法调查的同一生境下布设陷阱 60 个，每个陷阱安放 1 个圆形塑料桶（高 24cm，上口和桶底的直径分别为 22.5cm 和 17.0cm）。尽量选择在枯倒木边缘布设陷阱，使桶上口缘略低于地面，并用泥土填充周围空隙以及用枯叶覆盖周围新土以保持原有状态，桶内加水 4～5cm 深，以防止捕获物逃离或动物之间相互残杀。每日下午布设陷阱，次日清晨检查动物进陷情况。

5. 网捕法

网捕法主要用于翼手目调查，利用竖琴网或鸟网。天黑前将竖琴网安放于林道等环境，次日清晨检查捕获情况并取回标本；将鸟网布设于洞穴口、洞穴内洞道、蝙蝠巢穴洞口等地，依靠驱赶、蹲守等方法采集上网的蝙蝠标本。

6. 访问法和资料收集法

主要调查对象为样线法无法调查到的兽类物种。通过与临安区从事野生动植物保护相关工作人员、护林员、当地猎户进行访谈，调查近年来发现的动物实体种类、数量及时间、地点等信息。同时参考临安及附近地区的历史文献资料，作为补充数据。

7.2.2 物种鉴定及命名

兽类物种依据《中国兽类野外手册》《中国兽类图鉴》等专业书籍及部分模式标本描述的文献进行鉴定，中文名及拉丁学名的确定以《中国兽类分类与分布》为准。

7.3 物种多样性

7.3.1 物种组成

根据本次调查，并结合历史文献数据，确认临安区共分布兽类 76 种（表 7.1），分属 8 目 24 科 57 属，兽类多样性极为丰富。其中，劳亚食虫目 3 科 9 种，占临安区兽类总种数的 11.8%；翼手目 4 科 17 种，占临安区兽类总种数的 22.4%；灵长目 1 科 2 种，占临安区兽类总种数的 2.6%；鳞甲目 1 科 1 种，占临安区兽类总种数的 1.3%；兔形目 1 科 1 种，占临安区兽类总种数的 1.3%；啮齿目 6 科 20 种，占临安区兽类总种数的 26.3%；食肉目 5 科 19 种，占临安区兽类总种数的 25.0%；偶蹄目 3 科 7 种，占临安区兽类总种数的 9.2%。

其中，大麝鼩、中菊头蝠、普氏蹄蝠、南蝠、渡濑氏鼠耳蝠、大足鼠耳蝠、倭花鼠、东方田鼠、中华竹鼠、狼、赤狐、豺、小灵猫、大灵猫、欧亚水獭、食蟹獴、金猫、云豹、豹、中华斑羚为历史文献记录，主要为《浙江省清凉峰生物多样性研究》《天目山动物志（第十一卷）》《临安珍稀野生动物图鉴》等书籍记录，在本次调查中未发现。

表 7.1 临安区兽类物种组成

物种	保护等级	中国特有种	CRLB	IUCN	备注
劳亚食虫目 Eulipotyphla					
刺猬科 Erinaceidae					
1.东北刺猬 *Erinaceus amurensis*	三有		LC	LC	
2. 华东林猬 *Mesechinus orientalis*		√			新物种
鼩鼱科 Soricidae					
3.利安德水麝鼩 *Chimarrogale leander*			DD	NE	
4.臭鼩 *Suncus murinus*			LC	LC	
5.山东小麝鼩 *Crocidura shantungensis*			LC	LC	
6.灰麝鼩 *Crocidura attenuate*			LC	LC	
7.安徽麝鼩 *Crocidura anhuiensis*					新记录
8.大麝鼩 *Crocidura lasiura*			NT	LC	历史记录
鼹科 Talpidae					
9.华南缺齿鼹 *Mogera latouchei*			LC	LC	
翼手目 Chiroptera					
菊头蝠科 Rhinolophidae					
10.大菊头蝠 *Rhinolophus affinis*			NT	LC	
11.中菊头蝠 *Rhinolophus luctus*			LC	LC	历史记录
12.皮氏菊头蝠 *Rhinolophus pearsoni*			LC	LC	
13.中华菊头蝠 *Rhinolophus sinicus*			LC	LC	
14.小菊头蝠 *Rhinolophus pusillus*			LC	LC	
蹄蝠科 Hipposideridae					
15.大蹄蝠 *Hipposideros armiger*	三有		LC	LC	新记录

（续表）

物种	保护等级	中国特有种	CRLB	IUCN	备注
16.普氏蹄蝠 *Hipposideros pratti*			NT	LC	历史记录
长翼蝠科 Miniopteridae					
17.亚洲长翼蝠 *Miniopterus fuliginosus*			NT	NT	
蝙蝠科 Vespertilionidae					
18.东方棕蝠 *Eptesicus pachyomus*			LC	LC	新记录
19.东亚伏翼 *Pipistrellus abramus*			LC	LC	
20.中华山蝠 *Nyctalus plancyi*		√	LC	LC	
21.南蝠 *La io*			NT	NT	历史记录
22.灰伏翼 *Hypsugo pulveratus*			NT	NT	新记录
23.大足鼠耳蝠 *Myotis pilosus*			LC	VU	历史记录
24.渡濑氏鼠耳蝠 *Myotis rufoniger*			VU	LC	历史记录
25.大卫鼠耳蝠 *Myotis davidii*		√	LC	LC	
26.中华鼠耳蝠 *Myotis chinensis*			NT	LC	
灵长目 Primates					
猴科 Cercopithecidae					
27.猕猴 *Macaca mulatta*	国家二级		LC	LC	
28.藏酋猴 *Macaca thibetana*	国家二级	√	VU	NT	新记录
鳞甲目 Pholidota					
鲮鲤科 Manidae					
29.中华穿山甲 *Manis pentadactyla*	国家一级		CR	CR	
兔形目 Lagomorpha					
兔科 Leporidae					
30.华南兔 *Lepus sinensis*	三有		LC	LC	
啮齿目 Rodentia					
松鼠科 Sciuridae					
31.赤腹松鼠 *Callosciurus erythraeus*	三有		LC	LC	
32.倭花鼠 *Tamiops maritimus*	三有		LC	LC	历史记录
33.珀氏长吻松鼠 *Dremomys pernyi*	三有		LC	LC	
仓鼠科 Cricetidae					
34.福建绒鼠 *Eothenomys colurnus*			NE	NE	
35.东方田鼠 *Microtus fortis*			LC	LC	历史记录
鼹形鼠科 Spalacidae					
36.中华竹鼠 *Rhizomys sinensis*	三有		LC	LC	历史记录
鼠科 Muridae					
37.华南针毛鼠 *Niviventer huang*			LC	NE	
38.海南社鼠 *Niviventer lotipes*			LC	NE	
39.黑线姬鼠 *Apodemus agrarius*			LC	LC	
40.中华姬鼠 *Apodemus draco*			LC	LC	
41.小泡巨鼠 *Leopoldamys edwardsi*			LC	LC	
42.拉氏巨鼠 *Berylmys latouchei*				LC	
43.红耳巢鼠 *Micromys erythrotis*			LC	NE	

（续表）

物种	保护等级	中国特有种	CRLB	IUCN	备注
44.小家鼠 *Mus musculus*			LC	LC	
45.黄胸鼠 *Rattus tanezumi*			LC	LC	
46.褐家鼠 *Rattus norvegicus*			LC	LC	
47.黄毛鼠 *Rattus losea*			LC	LC	
48.大足鼠 *Rattus nitidus*			LC	LC	
刺山鼠科 **Platacanthomyidae**					
49.黄山猪尾鼠 *Typhlomys huangshanensis*	省重点	√	NE	NE	
豪猪科 **Hystricidae**					
50.马来豪猪 *Hystrix brachyura*	三有 省重点		LC	LC	
食肉目 **Carnivora**					
犬科 **Canidae**					
51.赤狐 *Vulpes vulpes*	国家二级		NT	LC	历史记录
52.貉 *Nyctereutes procyonoides*	国家二级		NT	LC	
53.豺 *Cuon alpinus*	国家一级		EN	EN	历史记录
54.狼 *Canis lupus*	国家二级		NT	LC	历史记录
鼬科 **Mustelidae**					
55.欧亚水獭 *Lutra lutra*	国家二级		EN	NT	历史记录
56.黄喉貂 *Martes flavigula*	国家二级		VU	LC	
57.亚洲狗獾 *Meles leucurus*	三有 省重点		NT	LC	
58.鼬獾 *Melogale moschata*	三有 省重点		NT	LC	
59.黄腹鼬 *Mustela kathiah*	三有 省重点		NT	LC	
60.黄鼬 *Mustela sibirica*	三有 省重点		LC	LC	
61.猪獾 *Arctonyx collaris*	三有 省重点		NT	VU	
灵猫科 **Viverridae**					
62.花面狸 *Paguma larvata*	三有 省重点		NT	LC	
63.大灵猫 *Viverra zibetha*	国家一级		CR	LC	历史记录
64.小灵猫 *Viverricula indica*	国家一级		NT	LC	历史记录
獴科 **Herpestidae**					
65.食蟹獴 *Herpestes urva*	三有 省重点		VU	LC	历史记录
猫科 **Felidae**					
66.豹猫 *Prionailurus bengalensis*	国家二级		VU	LC	
67.金猫 *Felis temminckii*	国家一级		EN	NT	历史记录
68.云豹 *Neofelis nebulosa*	国家一级		CR	VU	历史记录
69.豹 *Panthera pardus*	国家一级		EN	VU	历史记录
偶蹄目 **Artiodactyla**					

（续表）

物种	保护等级	中国特有种	CRLB	IUCN	备注
猪科 Suidae					
70.野猪 *Sus scrofa*			LC	LC	
鹿科 Cervidae					
71.毛冠鹿 *Elaphodus cephalophus*	国家二级		NT	NT	
72.黑麂 *Muntiacus crinifrons*	国家一级	√	EN	VU	
73.小麂 *Muntiacus reevesi*	三有	√	NT	LC	
74.华南梅花鹿 *Cervus pseudaxis*	国家一级		EN	LC	
牛科 Bovidae					
75.中华鬣羚 *Capricornis milneedwardsii*	国家二级		VU	VU	
76.中华斑羚 *Naemorhedus griseus*	国家二级		VU	VU	历史记录

7.3.2 调查新发现

本次调查在对比历史文献记录的基础上，共发现临安区兽类分布新记录 6 种，详见表 7.2。其中，华东林猬为本次调查发现的新物种。安徽师范大学陈中正团队等 2023 年发表的研究成果显示，分布在安徽南部和浙江西北部的丘陵山区地带的林猬为新物种，将其命名为华东林猬，临安采集的标本为该物种副模标本。

表 7.2 临安区兽类分布新记录

序号	中文名	拉丁学名	备注
1	安徽麝鼩	*Crocidura anhuiensis*	浙江新记录
2	华东林猬	*Mesechinus orientalis*	新物种
3	藏酋猴	*Macaca thibetana*	杭州新记录
4	灰伏翼	*Hypsugo pulveratus*	杭州新记录
5	大蹄蝠	*Hipposideros armiger*	临安新记录
6	东方棕蝠	*Eptesicus pachyomus*	临安新记录

7.4 生态类群

临安区兽类主要可分为 3 种生态类群。

（1）地栖生态类群。其包括绝大多数的兽类，形态特征表现为四肢发达，善于奔跑。临安区主要有东北刺猬、臭鼩、山东小麝鼩、大麝鼩、华南缺齿鼹、中华穿山甲、华南兔、中华竹鼠、华南针毛鼠、海南社鼠、黑线姬鼠、中华姬鼠、小泡巨鼠、红耳巢鼠、小家鼠、黄胸鼠、褐家鼠、黄毛鼠、大足鼠、马来豪猪、赤狐、貉、豺、狼、欧亚水獭、黄喉貂、亚洲狗獾、鼬獾、黄腹鼬、黄鼬、猪獾、食蟹獴、豹猫、金猫、豹野猪、毛冠鹿、黑麂、小麂、中华鬣羚、中华斑羚等，共 50 种，占临安区兽类总种数的 65.8%。

（2）树栖生态类群。主要为身体形态结构适于树栖生活的类群。临安区有猕猴、藏酋猴、赤腹松鼠、倭花鼠、珀氏长吻松鼠、花面狸、大灵猫、小灵猫、云豹共 9 种，占临安区兽类总种数的 11.8%。

（3）飞行生态类群。临安区有翼手目的大菊头蝠、皮氏菊头蝠、中华菊头蝠、小菊头蝠、大蹄蝠、亚洲长翼蝠、东方棕蝠、东亚伏翼、灰伏翼、中华鼠耳蝠等 17 种，占临安区兽类总种数的 22.4%。

7.5 珍稀濒危及中国特有种

7.5.1 珍稀濒危兽类

根据《国家重点保护野生动物名录》（2021）、《浙江省重点保护陆生野生动物名录（征求意见稿）》（2023），临安区 76 种兽类中，国家一级重点保护野生动物有 9 种，即豺、大灵猫、小灵猫、金猫、云豹、豹、中华穿山甲、华南梅花鹿、黑麂；国家二级重点保护野生动物有 11 种，即猕猴、藏酋猴、赤狐、貉、狼、欧亚水獭、黄喉貂、豹猫、毛冠鹿、中华鬣羚、中华斑羚；浙江省重点保护陆生野生动物有 9 种，即黄山猪尾鼠、马来豪猪、亚洲狗獾、鼬獾、黄腹鼬、黄鼬、猪獾、花面狸、食蟹獴；有重要生态、科学、社会价值的陆生野生动物 16 种，分别为东北刺猬、大蹄蝠、黄腹鼬、黄鼬、鼬獾、亚洲狗獾、猪獾、花面狸、食蟹獴、小鹿、赤腹松鼠、倭花鼠、珀氏长吻松鼠、中华竹鼠、马来豪猪、华南兔。

根据《中国生物多样性红色名录》，临安区兽类中，濒危等级易危（VU）及以上的物种有 16 种，占临安区兽类总种数的 21.1%。其中，极危（CR）等级的 3 种，为中华穿山甲、云豹、大灵猫；濒危（EN）等级的 6 种，分别为豹、金猫、华南梅花鹿、黑麂、豺、欧亚水獭；易危（VU）等级的有 7 种，分别为渡濑氏鼠耳蝠、藏酋猴、中华斑羚、中华鬣羚、豹猫、食蟹獴、黄喉貂。

根据《IUCN 红色名录》，临安区兽类中，易危（VU）及以上的物种共有 9 种。其中，被评估为极危（CR）的有 1 种，即中华穿山甲；被评估为濒危（EN）的有 1 种，即豺；被评估为易危（VU）的有 7 种，即大足鼠耳蝠、猪獾、云豹、豹、黑麂、中华鬣羚、中华斑羚。

根据 CITES 附录Ⅰ、附录Ⅱ和附录Ⅲ（2023），临安区兽类中，有 8 种被列入附录Ⅰ，包括中华斑羚、中华鬣羚、黑麂、金猫、云豹、豹、欧亚水獭、中华穿山甲；列入附录Ⅱ的有 5 种，分别是狼、豺、豹猫、猕猴、藏酋猴；列入附录Ⅲ的有 8 种，包括赤狐、食蟹獴、黄喉貂、黄腹鼬、黄鼬、花面狸、大灵猫、小灵猫。

7.5.2 中国特有兽类

临安区兽类中，中国特有种有 7 种，占临安区兽类总种数的 9.2%，包括华东林猬、中华山蝠、大卫鼠耳蝠、藏酋猴、黄山猪尾鼠、黑麂、小麂。

7.6 历史记录厘定

对《天目山动物志》《浙江清凉峰生物多样性研究》《临安珍稀野生动物图鉴》及其他历史资料中临安区兽类名录进行整理，并综合本次调查成果，做出以下调整。

1. 删除"白尾梢麝鼩 *Crocidura fuliginosa*"

该物种在浙江省无分布，国内主要分布于云南、贵州、四川、广西等西南地区。该物种在浙江的历史记录很有可能是大麝鼩 *Crocidura lasiura* 的错误鉴定，在无标本证明该种存在于临安区范围内之前，暂且不将其归入名录中。

2. "巢鼠 *Micromys minutus*"修订为"红耳巢鼠 *Micromys erythrotis*"

魏辅文等 2022 年将原在浙江省有分布的巢鼠南亚亚种（阿萨姆亚种）*Micromys minutus erythrotis* Blyth, 1850 提升为种，即红耳巢鼠 *Micromys erythrotis* Blyth, 1856，本文采用此分类依据。

3. "针毛鼠 *Niviventer fulvescens*"修订为"华南针毛鼠 *Niviventer huang*"

Ge 等 2021 年将针毛鼠华南亚种 *N. f.* huang (Bonhoe, 1905)提升为华南针毛鼠 *Niviventer huang* (Bonhote, 1905)，并认为本种为单型种，无亚种分化，本文采用此分类依据。

4. "北社鼠 *Niviventer confucianus*"修订为"海南社鼠 *Niviventer confucianus*"

Li 等于 2008 年和 Ge 等于 2018 年将北社鼠海南亚种 *Niviventer confucianus* lotipes 提升为海南社鼠 *Niviventer lotipes* (Allen, 1826)，并认为本种为单型种，无亚种分化，本文采用此分类依据。

5. "青毛巨鼠 *Berylmys bowersi*"修订为"拉氏巨鼠 *Berylmys latouchei*"

Xu 等 2023 年结合形态学、分子生物学方法对青毛巨鼠的分类和系统演化进行了系统的研究，结果表明，分布在我国华东地区的青毛巨鼠拉氏亚种为一独立物种——拉氏巨鼠（*B. latouchei*），相比于青毛巨鼠，拉氏巨鼠体型更大、毛色更浅、后足更长，本文采用此分类依据。

6. "武夷山猪尾鼠 *Typhlomys cinereus*"修订为"黄山猪尾鼠 *Typhlomys huangshanensis*"

魏辅文等于 2022 年认为，原本分布在浙江范围内的武夷山猪尾鼠 *Typhlomys cinereus* 实则黄山猪尾鼠 *Typhlomys huangshanensis*，本文采用此分类依据。

7. 删除"普通伏翼 *Pipistrellus pipistrellus*"

本次调查未在临安区范围内获取普通伏翼 *Pipistrellus pipistrellus* 的实体证据，并且无可靠证据证明临安区存在此物种，原名录中的应为灰伏翼 *Hypsugo pulveratus* 的错误鉴定。

8. 删除"彩蝠 *Kerivoula picta*"

本次调查未在临安区范围内获取彩蝠 *Kerivoula picta* 的实体证据，并且无可靠证据证明临安区存在此物种，此物种在国内主要分布于贵州、广东、广西、福建等地，原名录中的应为渡濑氏鼠耳蝠 *Myotis rufoniger* 的错误鉴定。

参考文献

Braga P F, Morcatty T Q, El Bizri H R, et al. Congruence of local ecological knowledge (LEK)-based methods and line-transect surveys in estimating wildlife abundance in tropical forests. Methods in Ecology and Evolution, 2022, 13(3): 743-756.

Ge D Y, Feijó A, Abramov A V, et al. Molecular phylogeny and morphological diversity of the *Niviventer fulvescens* species complex with emphasis on species from China. Zoological Journal of the Linnean Society, 2021, 191(2): 528-547.

Ge D Y, Lu L, Xia L, et al. Molecular phylogeny, morphological diversity, and systematic revision of a species complex of common wild rat species in China (Rodentia, Murinae). Journal of Mammalogy, 2018, 99(6): 1350-1374.

IUCN. The IUCN red list of threatened species[EB/OL]. [2023-08-27]. https://www.iucnredlist.org.

Li Y C, Wu Y, Harada M, et al. Karyotypes of three rat species (Mammalia: Rodentia: Muridae) from Hainan Island, China, and the valid specific status of *Niviventer lotipes*. Zoological Science, 2008, 25(6): 686-692.

Shi Z F, Yao H F, He K, et al. A new species of forest hedgehog (Mesechinus, Erinaceidae, Eulipotyphla, Mammalia) from eastern China. Zookeys, 2023, 1185: 143-161.

Xu Y F, Hu J X, Shi Z F, et al. Integrative systematics and evolutionary history of *Berylmys bowersi* (Mammalia, Rodentia, Muridae). Ecology and Evolution, 2023, 13(7): e10234.

包欣欣. 基于红外相机与传统样带法兽类多样性研究. 哈尔滨: 东北林业大学, 2017.

陈炼, 吴琳, 王启菲, 等. DNA 条形码及其在生物多样性研究中的应用. 四川动物, 2016, 35(6): 942-949.

丁平, 童彩亮, 翁东明. 浙江清凉峰生物多样性研究. 北京: 中国林业出版社, 2020.

高耀亭, 等. 中国动物志·兽纲 第八卷·食肉目. 北京: 科学出版社, 1987.

国家林业和草原局. 有重要生态、科学、社会价值的陆生野生动物名录（公告 2023 年第 17 号）[EB/OL]. (2023-06-30)[2024-03-08]. https://www.forestry.gov.cn/c/www/gkzfwj/509750.jhtml.

国家林业和草原局, 农业农村部. 国家林业和草原局 农业农村部公告（2021 年第 3 号）（国家重点保护野生动物名录）[EB/OL].(2021-02-01)[2024-03-08]. https://www.forestry.gov.cn/lyj/1/gkgfxwj/20210201/546057.html.

胡宜峰, 余文华, 岳阳, 等. 海南岛翼手目物种多样性现状与分布预测. 生物多样性, 2019, 27(4): 400-408.

刘雪华, 武鹏峰, 何祥博, 等. 红外相机技术在物种监测中的应用及数据挖掘. 生物多样性, 2018, 26(8): 850-861.

罗泽珣, 陈为, 高武, 等. 中国动物志·兽纲 第六卷·啮齿目 下册·仓鼠科. 北京: 科学出版社, 2000.

生态环境部, 中国科学院. 关于发布《中国生物多样性红色名录—脊椎动物卷（2020）》和《中国生物多样性红色名录—高等植物卷（2020）》的公告[EB/OL].(2023-05-22)[2024-03-08]. https://www.mee.gov.cn/xxgk2018/xxgk/xxgk01/202305/t20230522_1030745.html.

魏辅文. 中国兽类分类与分布. 北京: 科学出版社, 2022.

吴鸿, 鲁庆彬, 杨淑贞. 天目山动物志（第十一卷）. 杭州: 浙江大学出版社, 2021.

吴政浩, 丁志锋, 周智鑫, 等. 中国陆生脊椎动物野外调查的发展现状与文献分析. 生物多样性, 2023, 31(3): 202-219.

徐卫南, 王义平. 临安珍稀野生动物图鉴. 北京: 中国农业科学技术出版社, 2018.

赵联军, 李小蓉, 孙志宇, 等. 王朗国家级自然保护区小型兽类多样性研究. 四川林业科技, 2016, 37(3): 66-68,14.

浙江动物志编辑委员会. 浙江动物志·兽类. 杭州:浙江科学技术出版社, 1989.

浙江省林业局. 浙江省林业局关于公开征求《浙江省重点保护陆生野生动物名录（征求意见稿）》意见的函[EB/OL]. (2023-09-06)[2023-12-06]. http://lyj.zj.gov.cn/art/2023/9/6/art_1275954_59059010.html.

浙江省人民政府办公厅. 浙江省人民政府办公厅关于公布浙江省重点保护陆生野生动物名录的通知[EB/OL]. (2016-03-02)[2023-12-06]. http://lyj.zj.gov.cn/art/2016/3/2/art_1275955_59057202.html.

中华人民共和国濒危物种科学委员会. 2023 年 CITES 附录中文版[EB/OL]. (2023-02-27)[2024-03-08]. http://www.cites.org.cn/citesgy/fl/202302/t20230227_734178.html.

周开亚. 中国动物志·兽纲 第九卷·鲸目 食肉目 海豹总科 海牛目. 北京: 科学出版社, 2004.

诸葛阳, 鲍毅新, 邵晨. 浙江发现的猪尾鼠.动物学杂志, 1985, 2(5): 44-45.

第 8 章　红外相机拍摄调查

8.1　调查方法和物种鉴定

8.1.1 调查方法

红外相机拍摄调查主要用来探测和记录陆生大中型兽类、鸟类。与传统方法相比，使用红外相机具有多项优势，其隐蔽性强，不易被野生动物察觉，且可以全天 24h 持续工作，对于探测活动隐秘、对人类活动敏感的物种有较好的效果。此外，使用红外相机进行调查基本不会对动物造成影响，不容易受到环境因子的限制。基于以上优点，红外相机被广泛用于野生动物自然分布状况、种群密度和相对多度等方面的调查。本次通过红外相机调查法对临安区的大中型兽类和地栖型鸟类进行调查。

以临安为调查单元，制作公里网格，将临安区划分为 192 个 2km×2km 的调查网格。每个网格布设 1 台红外相机（如图 7.1 所示）。

8.1.2 数据处理

1. 相对多度指数

相对多度指数（RAI）主要比较每 100 个工作日内不同物种（特别是那些不能个体识别的物种）的相对密度，并假定某区域内物种的照片拍摄率与物种的密度成正相关。

$$RAI = \frac{\sum_{i=1} d_i}{\sum_{i=1} tn_i} \times 100$$

式中：tn_i 为相机点位 i 的拍摄天数；d_i 为相机点位 i 拍摄某一物种的独立有效照片数。

2. 网格占有率

$$网格占有率 = \frac{物种i被记录到的相机点位数或网格单元数}{所有正常工作的相机点位数或网格单元数} \times 100\%$$

3. 占域模型

占域模型是用于估算某个区域被目标物种所占据的比例，从而进一步估算物种的丰度、预测物种的分布范围和了解群落结构的一种模型，用于计算每个物种在不完全探测情况下的探测率和实际栖息地占域率。

4. 种群数量估算

种群数量估算应用随机相遇模型、整体估计模型估计某一区域内的物种数量。

5. 日活动节律

基于红外相机数据的物种日活动节律分析，采用的方法主要是核密度估计法，主要涉及 R 软件的 overlap 包和 activity 包。

8.2 红外相机拍摄调查物种编目

红外相机监测时间自 2021 年 12 月至 2023 年 2 月，每台相机平均布设时间大于 12 个月。调查期间共在 192 个网格内完成 204 个有效点位的调查，总有效相机工作日 63940d，获得有效照片 452671 张。其中，兽类有效照片（不包含家畜，下同）254883 张，占有效照片总数的 56.3%；鸟类有效照片（不包含家禽，下同）68466 张，占有效照片总数的 15.1%。获得独立有效照片 80086 张。其中，兽类独立有效照片 39116 张，占独立有效照片总数的 48.8%；鸟类独立有效照片 11060 张，占独立有效照片总数的 13.8%。

红外相机拍摄调查共鉴定兽类、鸟类 102 种，隶属于 15 目 42 科。其中，兽类 23 种，隶属 7 目 14 科；鸟类 79 种，隶属 8 目 28 科。详见表 8.1。

表 8.1 临安区红外相机拍摄调查物种

目、科、种	保护级别	IUCN	CRLB	独立有效照片数	网格数	相对多度指数
兽类						
劳亚食虫目 **EULIPOTYPHLA**						
猬科 **Erinaceidae**						
东北刺猬 *Erinaceus amurensis*		LC	LC	735	117	1.150
华东林猬 *Mesechinus orientalis*				18	6	0.028
灵长目 **PRIMATES**						
猴科 **Cercopithecidae**						
猕猴 *Macaca mulatta*	II	LC	LC	17	5	0.027
鳞甲目 **PHOLIDOTA**						
鲮鲤科 **Manidae**						
中华穿山甲 *Manis pentadactyla*	I	CR	CR	1	1	0.002
兔形目 **LAGOMORPHA**						
兔科 **Leporidae**						
华南兔 *Lepus sinensis*		LC	LC	1337	102	2.091
啮齿目 **RODENTIA**						
松鼠科 **Sciuridae**						
赤腹松鼠 *Callosciurus erythraeus*		LC	LC	2200	148	3.441

（续表）

目、科、种	保护级别	IUCN	CRLB	独立有效照片数	网格数	相对多度指数
珀氏长吻松鼠 *Dremomys pernyi*		LC	LC	1348	86	2.108
鼠科 **Muridae**						
小泡巨鼠 *Leopoldamys edwardsi*		LC	LC	9866	160	15.430
拉氏巨鼠 *Berylmys latouchei*		LC		1	1	0.002
豪猪科 **Hystricidae**						
马来豪猪 *Hystrix hodgsoni*	S	LC	LC	19	1	0.030
食肉目 **CARNIVORA**						
犬科 **Canidae**						
貉 *Nyctereutes procyonoides*	II	LC	NT	1	1	0.002
鼬科 **Mustelidae**						
黄腹鼬 *Mustela kathiah*	S	LC	LC	83	37	0.130
黄鼬 *Mustela sibirica*	S	LC	LC	40	17	0.063
鼬獾 *Melogale moschata*	S	LC	NT	3582	166	5.602
亚洲狗獾 *Meles leucurus*	S	LC	NT	1	1	0.002
猪獾 *Arctonyx collaris*	S	VU	NT	1177	155	1.841
灵猫科 **Viverridae**						
花面狸 *Paguma larvata*	S	LC	NT	1858	142	2.906
猫科 **Felidae**						
豹猫 *Prionailurus bengalensis*	II	LC	VU	6	5	0.009
偶蹄目 **ARTIODACTYLA**						
猪科 **Suidae**						
野猪 *Sus scrofa*		LC	LC	634	99	0.992
鹿科 **Cervidae**						
黑麂 *Muntiacus crinifrons*	I	VU	EN	52	6	0.081
小麂 *Muntiacus reevesi*		LC	NT	16020	192	25.055
华南梅花鹿 *Cervus pseudaxis*	I	LC	EN	99	4	0.155
牛科 **Bovidae**						
中华鬣羚 *Copricornis milneedwardsii*	II	VU	VU	21	9	0.033
鸟类						
鸡形目 **GALLIFORMES**						
雉科 **Phasianidae**						
灰胸竹鸡 *Bambusicola thoracica*		LC	LC	564	95	0.882
勺鸡 *Pucrasia macrolopha*	II	LC	LC	164	44	0.256
白鹇 *Lophura nycthemera*	II	LC	LC	2201	169	3.442
白颈长尾雉 *Syrmaticus ellioti*	I	NT	VU	148	35	0.231
环颈雉 *Phasianus colchicus*		LC	LC	16	7	0.025
鸽形目 **COLUMBIFORMES**						
鸠鸽科 **Columbidae**						
山斑鸠 *Streptopelia orientalis*		LC	LC	229	47	0.358
珠颈斑鸠 *Streptopelia chinensis*		LC	LC	45	12	0.070
鹤形目 **GRUIFORMES**						

（续表）

目、科、种	保护级别	IUCN	CRLB	独立有效照片数	网格数	相对多度指数
秧鸡科 Rallidae						
白喉斑秧鸡 *Rallina eurizonoides*	S	LC	VU	2	1	0.003
鸻形目 CHARADRIIFORMES						
鹬科 Scolopacidae						
丘鹬 *Scolopax rusticola*		LC	LC	3	2	0.005
鹰形目 ACCIPITRIFORMES						
鹰科 Accipitridae						
蛇雕 *Spilornis cheela*	II	LC	NT	1	1	0.002
凤头鹰 *Accipiter trivirgatus*	II	LC	NT	7	7	0.011
日本松雀鹰 *Accipiter gularis*	II	LC	LC	1	1	0.002
松雀鹰 *Accipiter virgatus*	II	LC	LC	5	3	0.008
苍鹰 *Accipiter gentilis*	II	LC	NT	1	1	0.002
鸮形目 STRIGIFORME						
鸱鸮科 Strigidae						
领角鸮 *Otus lettia*	II	LC	LC	11	8	0.017
斑头鸺鹠 *Glaucidium cuculoides*	II	LC	LC	3	3	0.005
啄木鸟目 PICFORMES						
啄木鸟科 Picidae						
斑姬啄木鸟 *Picumnus innominatus*		LC	LC	3	3	0.005
大斑啄木鸟 *Dendrocopos major*		LC	LC	2	2	0.003
灰头绿啄木鸟 *Picus canus*		LC	LC	12	10	0.019
雀形目 PASSERIFORMES						
八色鸫科 Pittdae						
仙八色鸫 *Pitta nympha*	II	VU	VU	2	2	0.003
莺雀科 Vireondiae						
淡绿鵙鹛 *Pteruthius xanthochlorus*		LC	NT	1	1	0.002
卷尾科 Dicruridae						
发冠卷尾 *Dicrurus hottentottus*		LC	LC	5	4	0.008
伯劳科 Laniidae						
红尾伯劳 *Lanius cristatus*		LC	LC	3	3	0.005
鸦科 Corvidae						
松鸦 *Garrulus glandarius*		LC	LC	114	42	0.178
红嘴蓝鹊 *Urocissa erythroryncha*		LC	LC	180	69	0.282
灰树鹊 *Dendrocitta formosae*		LC	LC	78	36	0.122
山雀科 Paridae						
大山雀 *Parus cinereus*		LC	LC	89	35	0.139
鹎科 Pycnonntidae						
领雀嘴鹎 *Spizixos semitorques*		LC	LC	15	9	0.023
白头鹎 *Pycnonotus sinensis*		LC	LC	21	11	0.033
栗背短脚鹎 *Hemixos castanonotus*		LC	LC	4	4	0.006
绿翅短脚鹎 *Ixos mcclellandii*		LC	LC	11	7	0.017

（续表）

目、科、种	保护级别	IUCN	CRLB	独立有效照片数	网格数	相对多度指数
黑短脚鹎 *Hypsipetes leucocephalus*		LC	LC	1	1	0.002
柳莺科 **Phylloscopidae**						
淡脚柳莺 *Phylloscopus tenellipes*		LC	LC	8	6	0.013
树莺科 **Cettiidae**						
鳞头树莺 *Urosphena squameiceps*		LC	LC	8	6	0.013
强脚树莺 *Horornis fortipes*		LC	LC	2	1	0.003
棕脸鹟莺 *Abroscopus albogularis*		LC	LC	19	14	0.030
长尾山雀科 **Aegithalidae**						
红头长尾山雀 *Aegithalos concinnus*		LC	LC	5	5	0.008
鸦雀科 **Paradoxornithidae**						
灰头鸦雀 *Psittiparus gularis*		LC	LC	21	14	0.033
棕头鸦雀 *Sinosuthora webbiana*		LC	LC	49	10	0.077
短尾鸦雀 *Neosuthora davidiana*	II	LC	NT	1	1	0.002
绣眼鸟科 **Zosteropidae**						
暗绿绣眼鸟 *Zosterops japonicus*		LC	LC	1	1	0.002
栗颈凤鹛 *Staphida torqueola*		LC	LC	1	1	0.002
林鹛科 **Timaliidae**						
华南斑胸钩嘴鹛 *Erythrogenys swinhoei*		LC	LC	178	45	0.278
棕颈钩嘴鹛 *Pomatorhinus ruficollis*		LC	LC	419	98	0.655
红头穗鹛 *Cyanoderma ruficeps*		LC	LC	25	20	0.039
雀鹛科 **Alcippeidae**						
淡眉雀鹛 *Alcippe hueti*		LC	LC	300	94	0.469
噪鹛科 **Leiothrichidae**						
黑脸噪鹛 *Garrulax perspicillatus*		LC	LC	1	1	0.002
小黑领噪鹛 *Garrulax monileger*		LC	LC	92	51	0.144
黑领噪鹛 *Garrulax pectoralis*		LC	LC	278	82	0.435
灰翅噪鹛 *Garrulax cineraceus*		LC	LC	152	37	0.238
棕噪鹛 *Garrulax poecilorhynchus*	II	LC	LC	194	38	0.303
画眉 *Garrulax canorus*	II	LC	NT	543	85	0.849
红嘴相思鸟 *Leiothrix lutea*	II	LC	LC	324	67	0.507
鸫科 **Turdidae**						
橙头地鸫 *Geokichla citrina*		LC	LC	13	5	0.020
白眉地鸫 *Geokichla sibirica*		LC	LC	9	3	0.014
虎斑地鸫 *Zoothera aurea*		LC	LC	1239	137	1.938
灰背鸫 *Turdus hortulorum*		LC	LC	335	67	0.524
乌灰鸫 *Turdus cardis*		LC	LC	6	5	0.009
乌鸫 *Turdus mandarinus*		LC	LC	27	10	0.042
白眉鸫 *Turdus obscurus*		LC	LC	5	4	0.008
白腹鸫 *Turdus pallidus*		LC	LC	101	19	0.158
红尾斑鸫 *Turdus naumanni*		LC	LC	4	1	0.006
斑鸫 *Turdus eunomus*		LC	LC	12	3	0.019

（续表）

目、科、种	保护级别	IUCN	CRLB	独立有效照片数	网格数	相对多度指数
鹟科 Muscicapidae						
红尾歌鸲 *Larvivora sibilans*		LC	LC	155	47	0.242
北红尾鸲 *Phoenicurus auroreus*		LC	LC	11	10	0.017
红喉歌鸲 *Calliope calliope*	II	LC	LC	24	6	0.038
蓝歌鸲 *Larvivora cyane*		LC	LC	44	27	0.069
红胁蓝尾鸲 *Tarsiger cyanurus*		LC	LC	837	131	1.309
白额燕尾 *Enicurus leschenaulti*		LC	LC	61	5	0.095
紫啸鸫 *Myophonus caeruleus*		LC	LC	612	89	0.957
丽星鹩鹛科 Elachuridae						
丽星鹩鹛 *Elachura formosa*		LC	NT	2	2	0.003
鹡鸰科 Motacillidae						
树鹨 *Anthus hodgsoni*		LC	LC	239	35	0.374
燕雀科 Fringillidae						
燕雀 *Fringilla montifringilla*		LC	LC	46	15	0.072
鹀科 Emberizidae						
白眉鹀 *Emberiza tristrami*		LC	LC	558	79	0.873
小鹀 *Emberiza pusilla*		LC	LC	5	4	0.008
黄眉鹀 *Emberiza chrysophrys*		LC	LC	87	11	0.136
田鹀 *Emberiza rustica*		VU	LC	3	2	0.005
黄喉鹀 *Emberiza elegans*		LC	LC	55	24	0.086
灰头鹀 *Emberiza spodocephala*		LC	LC	7	2	0.011

8.2.1 鸟兽物种

在红外相机记录到的 102 种野生兽类、鸟类中，共有重点保护野生动物 34 种，占临安区红外相机记录总种数的 33.3%。其中，国家一级重点保护野生动物 4 种，即黑麂、梅花鹿、中华穿山甲、白颈长尾雉；国家二级重点保护野生动物 19 种，即猕猴、貉、豹猫、中华鬣羚、勺鸡、白鹇、蛇雕、凤头鹰、日本松雀鹰、松雀鹰、苍鹰、领角鸮、斑头鸺鹠、仙八色鸫、短尾鸦雀、棕噪鹛、画眉、红嘴相思鸟、红喉歌鸲；浙江省重点保护陆生野生动物 11 种，即马来豪猪、黄腹鼬、黄鼬、亚洲狗獾、猪獾、鼬獾、花面狸、斑姬啄木鸟、大斑啄木鸟、灰头绿啄木鸟、红尾伯劳。

被《IUCN 红色名录》评估为极危（CR）等级的有中华穿山甲 1 种，评估为易危（VU）等级的有黑麂、猪獾、中华鬣羚、仙八色鸫、田鹀 5 种，评估为近危（NT）等级的有白颈长尾雉 1 种。

被《中国生物多样性红色名录》评估为近危（NT）及以上等级的有 21 种。其中，极危（CR）等级的有中华穿山甲 1 种；濒危（EN）等级的有黑麂、华南梅花鹿 2 种；易危（VU）等级的有豹猫、中华鬣羚、白颈长尾雉、白喉斑秧鸡、仙八色鸫 5 种；近危（NT）等级的有貉、鼬獾、亚洲狗獾、猪獾、花面狸、小麂、蛇雕、凤头鹰、苍鹰、淡绿鵙鹛、短尾鸦雀、画眉、丽星鹩鹛 13 种。

8.2.2 相对多度指数

临安区兽类中，相对多度指数（RAI）最大的是小麂，为 25.055；鸟类中以白鹇最高，为 3.442。由表 8.1 可知，兽类 RAI 指数居前三位的分别是小麂、白腹巨鼠（RAI 为 15.430）、鼬獾（RAI 为 5.602）。小麂无论是分布范围（网格数为 192）和相对多度指数（RAI 为 25.055），均显著高于与其生态位相似的黑麂（网格数为 6，RAI 为 0.081）、中华鬣羚（网格数为 9，RAI 为 0.033）、梅花鹿（网格数为 4，RAI 为 0.155）。另外，由表 8.1 可知，食肉目物种以花面狸、猪獾、鼬獾等中小型兽类为主，原先在临安区分布广泛的犬科和猫科大型兽类均未发现。鸟类中以白鹇最多（网格数为 169，RAI 为 3.442），虎斑地鸫次之（网格数为 137，RAI 为 1.938），排在第三位的为红胁蓝尾鸲（网格数为 131，RAI 为 1.309）。

8.2.3 人为干扰情况

临安区内的人为干扰主要包括家畜、家禽和人类活动。本次红外相机拍摄调查中，发现有人为干扰的独立有效照片数 658 张，有 120 个相机位点存在人为干扰，说明临安区还存在较多的人为干扰。此外，红外相机被人为破坏或盗走 15 台，其中影像资料均遗失。详见表 8.1。

8.3 主要物种的种群动态及分布

基于临安区红外相机的监测数据，对临安区的主要物种分别进行了网格占有率、分布和活动时间节律分析。监测数据以 10d 为一个调查单元，建立探测历史，对重要物种的占域率、探测率及其影响因素进行评估。

8.3.1 小麂 *Muntiacus reevesi*

网格占有率：拍摄到小麂的点位有 192 个（图 8.1a），网格占有率为 100%（图 8.1b）。

占域：小麂的占域率受海拔、NDVI（归一化差分植被指数）、人口密度、海拔范围 4 个环境因素影响：占域率随海拔、NDVI、人口密度的增大而增大，随海拔范围的增大而减小。探测率受海拔、海拔范围、人口密度 3 个环境因素影响：探测率随海拔范围的增大而增大，随海拔、人口密度的增大而减小（表 8.2）。小麂的占域空间分布情况如图 8.1c 所示，在整个临安区均有分布。

活动节律：小麂的日活动节律表现为昼行性，2 个活动高峰出现在 5:00—8:00 和 17:00—19:00（图 8.1d）。

主要分布：见于临安区各处。

表 8.2 环境协变量对小麂占域率和探测率的影响

模型成分	协变量	估计值	标准误	P
占域	截距	3.863	0.548	$< 2e^{-16}$
	海拔	0.296	0.609	0.627
	NDVI	0.525	0.408	0.198
	人口密度	0.203	0.617	0.742
	海拔范围	−0.007	0.167	0.968
探测	截距	0.539	0.035	$< 2e^{-16}$
	海拔	−0.342	0.048	$< 2e^{-16}$
	海拔范围	0.274	0.051	$< 1e^{-7}$
	人口密度	−0.194	0.038	$< 3e^{-7}$

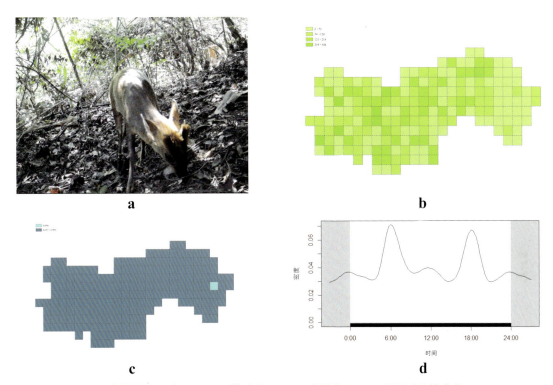

图 8.1 小麂的凭证照片（a）、网格分布（b）、占域率（c）、日活动节律曲线（d）

8.3.2 野猪 *Sus scrofa*

网格占有率：拍摄到野猪的点位有 99 个（图 8.2a），网格占有率为 51.6%（图 8.2b）。

占域：野猪的占域率受海拔、NDVI 2 个因素影响：占域率随海拔的增大而增大，随 NDVI 的增大而减少。探测率受 NDVI、海拔范围、海拔 3 个因素影响：探测率随 NDVI、海拔、海拔范围的增大而缓慢增大（表 8.3）。野猪的占域空间分布情况如图 8.2c 所示，呈现西部高、东部低的趋势。

活动节律：野猪的日活动节律表现为明显的昼行性，活动高峰出现在 5:00—9:00 和 16:00—19:00（图 8.2d）。

主要分布：龙岗、湍口、清凉峰、天目山。

表 8.3 环境协变量对野猪占域率和探测率的影响

模型成分	协变量	估计值	标准误	P
占域	截距	−0.226	0.163	0.164
	NDVI	−0.144	0.179	0.419
	海拔	0.442	0.172	0.011
探测	截距	−1.891	0.087	$< 2e^{-16}$
	海拔范围	0.129	0.119	0.281
	海拔	0.067	0.095	0.485
	NDVI	0.019	0.057	0.749

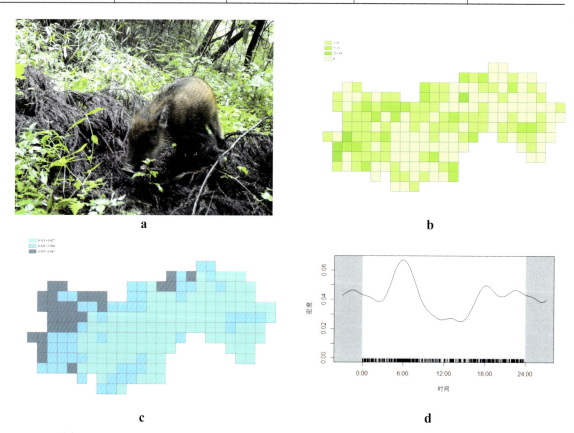

图 8.2 野猪的凭证照片（**a**）、网格分布（**b**）、占域率（**c**）、日活动节律曲线（**d**）

8.3.3 梅花鹿 *Cervus nippon*

网格占有率：拍摄到梅花鹿的点位有 4 个（图 8.3a），网格占有率为 2.1%（图 8.3b）。

占域：梅花鹿的占域率受 NDVI、海拔 2 个因素影响：占域率随 NDVI 的增大而减小，随海拔的升高而增大。探测率受 NDVI、海拔、海拔范围、人口密度 4 个因素影响：探测率随 NDVI、海拔、海拔范围、人口密度的增大而减小（表 8.4）。梅花鹿的占域空间分布情况如图 8.3c 所示，多发现于高海拔区域。

活动节律：梅花鹿的日活动节律表现为昼行性，活动高峰出现在 5:00—7:00 和 18:00—19:00

（图 8.3d）。

主要分布：岛石、天目山。

表 8.4 环境协变量对藏酋猴占域率和探测率的影响

模型成分	协变量	估计值	标准误	*P*
占域	截距	−79.316	46.685	0.986
	海拔	23.983	15.164	0.988
	NDVI	−0.352	23.851	0.999
探测	截距	−6.181	36.386	0.865
	海拔范围	−0.099	0.225	0.658
	NDVI	−3.161	7.163	0.659
	海拔	−0.354	0.659	0.592
	人口密度	−21.778	88.077	0.805

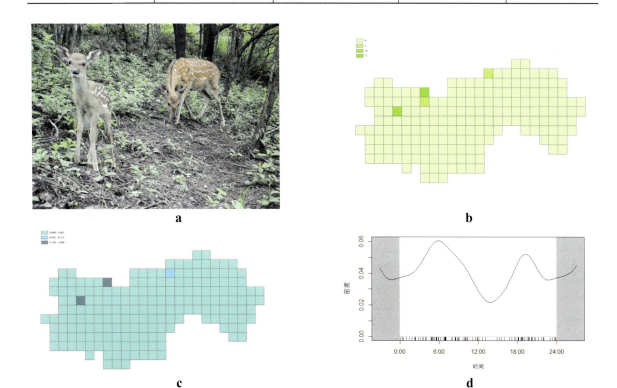

a   b

c   d

图 8.3 梅花鹿的凭证照片（a）、网格分布（b）、占域率（c）、日活动节律曲线（d）

8.3.4 鼬獾 *Melogale moschata*

网格占有率：拍摄到鼬獾的点位有 166 个（图 8.4a），网格占有率为 86.5%（图 8.4b）。

占域：鼬獾的占域率受 NDVI、海拔 2 个因素影响：占域率随海拔的升高而减小，随 NDVI 的增大而缓慢减小。探测率受 NDVI、海拔范围、人口密度 3 个因素影响：探测率随 NDVI、人口密度的增大而缓慢减小，随海拔的升高而增大（表 8.5）。鼬獾的占域空间分布情况如图 8.4c 所示，在整个临安区均有分布。

活动节律：鼬獾的日活动节律表现为明显的夜行性，活动高峰出现在 4:00—6:00 和 19:00—

20:30（图 8.4d）。

主要分布：见于临安区各处。

表 8.5 环境协变量对鼬獾占域率和探测率的影响

模型成分	协变量	估计值	标准误	P
占域	截距	1.172	0.174	$< 2e^{-16}$
	海拔	−0.263	0.161	0.102
	NDVI	−0.012	0.096	0.904
探测	截距	−0.994	0.045	$< 2e^{-16}$
	NDVI	−0.359	0.056	$< 2e^{-16}$
	人口密度	−0.216	0.065	0.001
	海拔范围	0.296	0.048	$< 2e^{-16}$

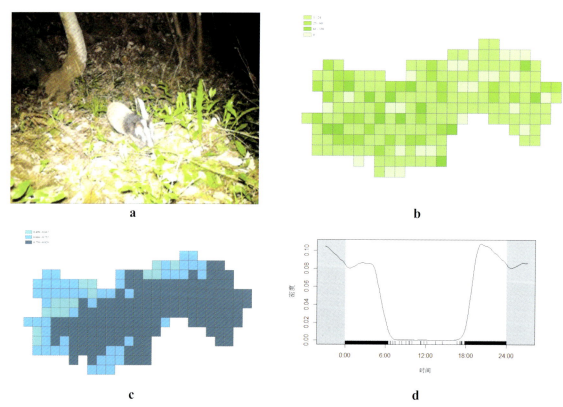

图 8.4 鼬獾的凭证照片（a）、网格分布（b）、占域率（c）、日活动节律曲线（d）

8.3.5 花面狸 *Paguma larvata*

网格占有率：拍摄到花面狸的点位有 142 个（图 8.5a），网格占有率为 73.9%（图 8.5b）。

占域：花面狸的占域率受海拔范围、NDVI 2 个因素影响：占域率随海拔范围的增大而增大，随 NDVI 的增大而减小。探测率受 NDVI、海拔范围、人口密度 3 个因素影响：探测率随海拔、NDVI、人口密度的增大而缓慢增大（表 8.6）。花面狸的占域空间分布情况如图 8.5c 所示，在整个临安区均有分布。

活动节律：花面狸的日活动节律表现为夜行性，活动高峰出现在 18:30 至翌日 5:30（图 8.5d）。

主要分布：见于临安区各处。

表 8.6 环境协变量对花面狸占域率和探测率的影响

模型成分	协变量	估计值	标准误	P
占域	截距	1.147	0.188	$< 2e^{-16}$
	海拔范围	0.694	0.219	0.002
	NDVI	−0.026	0.111	0.813
探测	截距	−1.271	0.052	$< 2e^{-16}$
	NDVI	0.386	0.076	0
	海拔	0.305	0.045	$< 2e^{-16}$
	人口密度	0.066	0.095	0.487

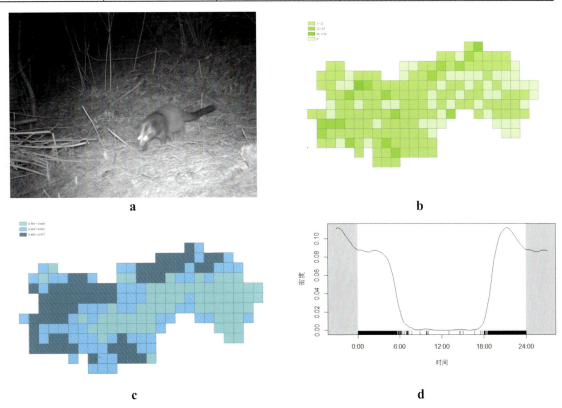

图 8.5 花面狸的凭证照片（a）、网格分布（b）、占域率（c）、日活动节律曲线（d）

8.3.6 猪獾 *Arctonyx collaris*

网格占有率：拍摄到猪獾的点位有 155 个（图 8.6a），网格占有率为 80.7%（图 8.6b）。

占域：猪獾的占域率受海拔、NDVI 2 个因素影响：占域率随着海拔、NDVI 的增大而缓慢增大。探测率受 NDVI、海拔、人口密度 3 个因素影响：探测率随着 NDVI、人口密度的增大而缓慢减小，随着海拔的增大而增大（表 8.7）。猪獾的占域空间分布情况如图 8.6c 所示，呈现西部高、东部低的趋势。

活动节律：猪獾的日活动节律表现为明显的夜行性，活动高峰出现在 19:00 至翌日 5:30（图 8.6d）。

主要分布：见于临安各处。

表 8.7 环境协变量对猪獾占域率和探测率的影响

模型成分	协变量	估计值	标准误	P
占域	截距	1.024	0.176	$< 2e^{-16}$
	海拔	0.108	0.206	0.601
	NDVI	0.017	0.089	0.852
	海拔范围	0.312	0.254	0.218
探测	截距	-1.451	0.056	$< 2e^{-16}$
	海拔	0.155	0.049	0.001
	NDVI	-0.206	0.065	0.001
	人口密度	-0.384	0.125	0.002

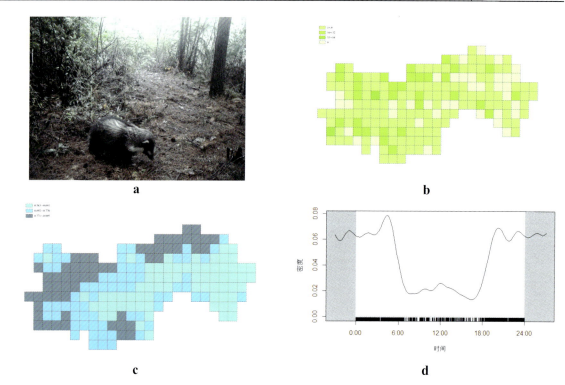

图 8.6 猪獾的凭证照片（a）、网格分布（b）、占域率（c）、日活动节律曲线（d）

8.3.7 黑麂 *Muntiacus crinifrons*

网格占有率：拍摄到黑麂的点位有 6 个（图 8.7a），网格占有率为 3.1%（图 8.7b）。

占域：黑麂的占域率随着海拔、海拔范围、NDVI、人口密度 4 个因素影响的增大而增大。

探测率受海拔、海拔范围、NDVI、人口密度 4 个因素影响：探测率随着海拔、海拔范围、

NDVI 的增大而增大，随着人口密度的增大而减小（表 8.8）。黑麂的占域空间分布情况如图 8.7c 所示，主要见于山区的高海拔区域。

活动节律：黑麂的日活动节律表现为明显的日行性，活动高峰出现在 5:30—7:30 和 16:00—17:30（图 8.7d）。

主要分布：天目山、清凉峰。

表 **8.8** 环境协变量对黑麂占域率和探测率的影响

模型成分	协变量	估计值	标准误	*P*
占域	截距	−2.767	1.919	0.149
	海拔	1.055	1.249	0.399
	海拔范围	0.115	0.361	0.749
	NDVI	0.351	1.077	0.744
	人口密度	3.829	10.566	0.717
探测	截距	−3.608	1.247	0.003
	海拔范围	0.285	0.524	0.587
	人口密度	−0.904	2.257	0.688
	海拔	0.148	0.597	0.804
	NDVI	0.095	0.314	0.762

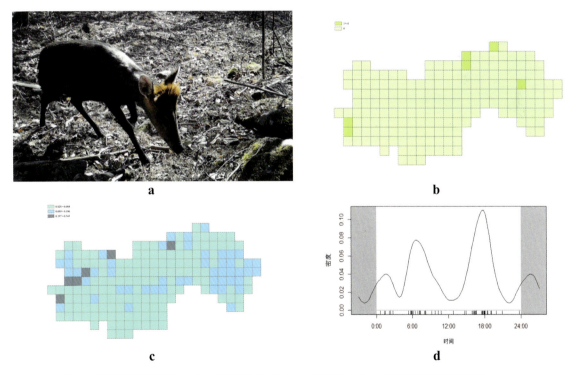

图 **8.7** 黑麂的凭证照片（**a**）、网格分布（**b**）、占域率（**c**）、日活动节律曲线（**d**）

8.3.8 灰胸竹鸡 *Bambusicola thoracica*

网格占有率：拍摄到灰胸竹鸡的点位有 95 个（图 8.8a），网格占有率为 49.5%（图 8.8b）。

占域：灰胸竹鸡的占域率随着海拔、NDVI 2 个因素的增大而缓慢减小。探测率随着人口密度、海拔、海拔范围、NDVI 4 个因素的增大而减小（表 8.9）。灰胸竹鸡的占域空间分布情况如图 8.8c 所示，整个临安区都有分布。

活动节律：灰胸竹鸡的日活动节律表现为明显的昼行性，活动高峰出现在 6:00—8:00 和 16:00—18:20（图 8.8d）。

主要分布：湍口、河桥、锦北、锦城、玲珑、板桥。

表 8.9 环境协变量对灰胸竹鸡占域率和探测率的影响

模型成分	协变量	估计值	标准误	*P*
占域	截距	−0.416	0.176	0.018
	海拔	−0.932	0.229	0
	NDVI	−0.014	0.074	0.843
探测	截距	−1.861	0.089	$< 2e^{-16}$
	人口密度	−0.008	0.033	0.806
	海拔	−0.016	0.065	0.808
	海拔范围	−0.007	0.037	0.847
	NDVI	−0.002	0.025	0.938

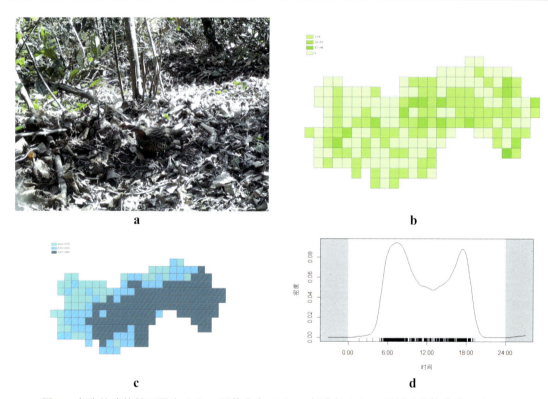

a

b

c

d

图 8.8 灰胸竹鸡的凭证照片（a）、网格分布（b）、占域率（c）、日活动节律曲线（d）

8.3.9 白鹇 *Lophura nycthemera*

网格占有率：拍摄到白鹇的点位有 169 个（图 8.9a），网格占有率为 88.1%（图 8.9b）。

占域：白鹇的占域率受 NDVI、人口密度、海拔范围、海拔 4 个因素影响：占域率随海拔范围的增大而减小，随 NDVI、人口密度、海拔的增大而增大。探测率受 NDVI、人口密度、海拔范围、海拔 4 个因素影响：探测率随 NDVI、人口密度的增大而缓慢减低，随海拔范围、海拔的增大而增大（表 8.10）。白鹇的占域空间分布情况如图 8.9c 所示，在临安区均有分布。

活动节律：白鹇的日活动节律表现为明显的昼行性，活动高峰出现在 6:00—17:30（图 8.9d）。

主要分布：见于临安区各处。

表 8.10 环境协变量对白鹇占域率和探测率的影响

模型成分	协变量	估计值	标准误	P
占域	截距	1.214	0.221	$< 2e^{-16}$
	NDVI	0.202	0.289	0.483
	人口密度	0.511	0.874	0.559
	海拔范围	−0.023	0.101	0.818
	海拔	0.017	0.101	0.864
探测	截距	−1.344	0.049	$< 2e^{-16}$
	NDVI	−0.287	0.065	0
	人口密度	−0.211	0.076	0.005
	海拔范围	0.095	0.093	0.307
	海拔	0.069	0.082	0.405

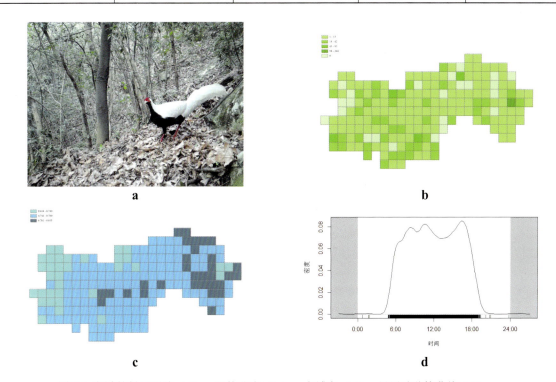

图 8.9 白鹇的凭证照片（a）、网格分布（b）、占域率（c）、日活动节律曲线（d）

8.3.10 勺鸡 *Pucrasia macrolopha*

网格占有率：拍摄到勺鸡的点位有 44 个（图 8.10a），网格占有率为 22.9%（图 8.10b）。

占域：勺鸡的占域率受 NDVI、海拔、人口密度 3 个因素影响：占域率随着 NDVI、海拔的增大而缓慢增大，随着人口密度的增大而缓慢降低（表 8.11）。探测率受海拔、NDVI、人口密度、海拔范围 4 个因素影响：探测率随着海拔的增大而增大，随着 NDVI、人口密度、海拔范围的增大而减小。勺鸡的占域空间分布情况如图 8.10c 所示，呈现西部高、东部低的趋势。

活动节律：勺鸡的日活动节律表现为明显的昼行性，活动高峰出现在 6:00—18:00（图8.10d）。

主要分布：岛石、湍口、天目山、龙岗、太湖源。

表 8.11 环境协变量对勺鸡占域率和探测率的影响

模型成分	协变量	估计值	标准误	P
占域	截距	−1.758	0.589	0.002
	人口密度	−1.516	2.503	0.544
	NDVI	0.076	0.287	0.789
	海拔	0.453	0.381	0.234
探测	截距	−2.934	0.461	$< 2e^{-16}$
	海拔	0.343	0.221	0.121
	NDVI	−0.119	0.221	0.591
	人口密度	−1.029	1.681	0.541
	海拔范围	−0.001	0.041	0.985

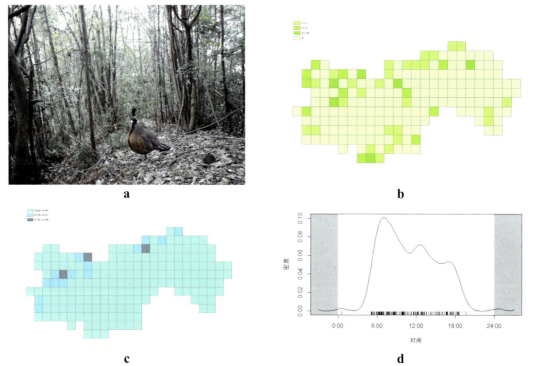

图 8.10 勺鸡的凭证照片（a）、网格分布（b）、占域率（c）、日活动节律曲线（d）

8.3.11 白颈长尾雉 *Syrmaticus ellioti*

网格占有率：拍摄到白颈长尾雉的点位有 35 个（图 8.11a），网格占有率为 18.2%（图 8.11b）。

占域：白颈长尾雉的占域率受 NDVI、海拔 2 个因素影响：占域率随着 NDVI 的增大而减小，随着海拔的增大而增大。探测率随着 NDVI、海拔、海拔范围 3 个因素的增大而减小（表 8.12）。白颈长尾雉的占域空间分布情况如图 8.11c 所示，呈现西部低、东南高的趋势。

活动节律：白颈长尾雉的日活动节律表现为明显的昼行性，活动高峰出现在 5:30—7:00 和 14:00—15:00（图 8.11d）。

主要分布：清凉峰、岛石、湍口、天目山。

表 8.12 环境协变量对白颈长尾雉占域率和探测率的影响

模型成分	协变量	估计值	标准误	*P*
占域	截距	−1.628	0.271	$< 2e^{-16}$
	海拔	0.765	0.27	0.004
	NDVI	−0.001	0.086	0.989
探测	截距	−2.534	0.223	$< 2e^{-16}$
	海拔	−0.142	0.184	0.442
	海拔范围	−0.082	0.17	0.631
	NDVI	−0.001	0.112	0.989

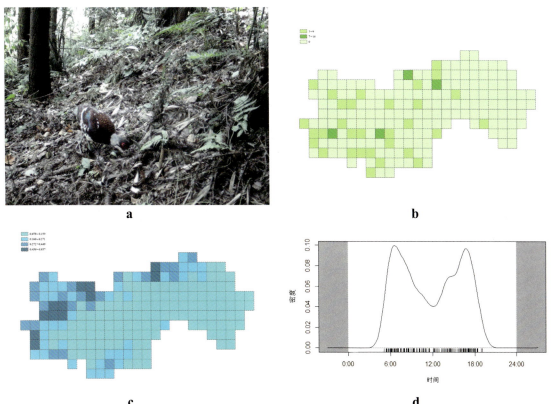

图 8.11 白颈长尾雉凭证照片（a）、网格分布（b）、占域率（c）、日活动节律曲线（d）

8.4 种群数量估算

采用随机相遇模型和整体估计模型对临安区兽类和鸡形目物种的数量进行估算，估算物种包括兽类 19 种和鸡形目 5 种。貉、亚洲狗獾等由于独立探测数过少，未参与计算。

8.4.1 随机相遇模型

近年来，Rowcliffe 等把动物个体的运动模式和气体分子碰撞率模型相结合，只需要动物个体或种群移动速率、红外相机自身设置的参数以及相机对目标动物的记录参数，就可获得目标地区内动物个体或种群的准确数量和种群密度。但是，动物个体随机运动只是一个理想情况下的假设，野外动物的实际运动模式往往是非常复杂且不受控制的，因此，这一模型还存在一定程度的局限性。野生动物种群数量和密度的估算，仍需更多的处理数据模型。

采用随机相遇模型来估算种群数量。

$$D = \frac{y}{t} \times \frac{\pi}{vr(2+\theta)} \times g$$

$$N = D \times S$$

式中：D 为种群密度（只/km^2）；y 为独立探测数（次）；t 为调查时间（d）；π 取值 3.14；v 为动物移动速率（km/d）；r 为拍摄距离（km）；θ 为相机拍摄的最大弧度（rad）；N 为种群数量（只）；S 为占域面积（km^2，由占域模型测算）。

本次所用红外相机拍摄的最大角度为 55°，换算成弧度为 0.96rad，相机的拍摄距离为 20m。

根据王岐山等对松鼠的日活动距离的测定，赤腹松鼠的日活动距离为 0.13～0.21km，珀氏长吻松鼠的日活动距离参考赤腹松鼠；根据王静轩等对野猪的日活动距离的测定，野猪的日活动距离为 2.05～3.81km，兽类其他物种的日活动距离参考野猪；根据蔡路昀等对白颈长尾雉的日活动距离的测定，白颈长尾雉的日活动距离为 0.33～0.43km，鸡形目其他物种的日活动距离参考白颈长尾雉。

利用红外相机数据，对临安区兽类和鸡形目物种的种群数量和密度进行估算。结果如表8.13、图 8.12、图 8.13 所示。

（1）东北刺猬

东北刺猬的最小种群密度为 0.372 只/km^2，最大种群密度为 1.228 只/km^2，种群数量为1162～3842 只。

（2）华东林猬

华东林猬的种群密度为 0.009～0.030 只/km^2，种群数量为 29～94 只。

（3）猕猴

猕猴的种群密度为 0.007～0.016 只/km^2，种群数量为 22～51 只。

（4）中华穿山甲

中华穿山甲的种群密度约为 0.001 只/km^2，种群数量为 3～4 只。

（5）华南兔

华南兔的种群密度为 0.449～0.678 只/km²，种群数量为 1403～2119 只。

（6）赤腹松鼠

赤腹松鼠的种群密度为 1.513～3.818 只/km²，种群数量为 4732～11938 只。

（7）珀氏长吻松鼠

珀氏长吻松鼠的种群密度为 0.927～2.339 只/km²，种群数量为 2899～7315 只。

（8）马兰豪猪

马兰豪猪的种群密度为 0.009～0.023 只/km²，种群数量为 27～73 只。

（9）黄腹鼬

黄腹鼬的最小种群密度为 0.034 只/km²，最大种群密度为 0.067 只/km²，种群数量为 105～211 只。

（10）黄鼬

黄鼬的最小种群密度为 0.023 只/km²，最大种群密度为 0.053 只/km²，种群数量为 73～166 只。

（11）鼬獾

鼬獾的最小种群密度为 1.028 只/km²，最大种群密度为 3.145 只/km²，种群数量为 3215～9832 只。

（12）猪獾

猪獾的最小种群密度为 0.390 只/km²，最大种群密度为 1.028 只/km²，种群数量为 1218～3216 只。

（13）花面狸

花面狸的最小种群密度为 0.526 只/km²，最大种群密度为 0.976 只/km²，种群数量为 1646～3052 只。

（14）豹猫

豹猫的最小种群密度为 0.001 只/km²，最大种群密度为 0.003 只/km²，种群数量为 5～9 只。

（15）野猪

野猪的最小种群密度为 0.666 只/km²，最大种群密度为 1.223 只/km²，种群数量为 2083～3824 只。

（16）黑麂

黑麂的最小种群密度为 0.015 只/km²，最大种群密度为 0.027 只/km²，种群数量 46～86 只。

（17）小麂

小麂的最小种群密度为 3.993 只/km²，最大种群密度为 7.343 只/km²，种群数量为 12487～22959 只。

（18）梅花鹿

梅花鹿的最小种群密度为 0.025 只/km²，最大种群密度为 0.045 只/km²，种群数量为 77～142 只。

（19）中华鬣羚

中华鬣羚的最小种群密度为 0.005 只/km²，最大种群密度为 0.010 只/km²，种群数量为 17～30 只。

（20）灰胸竹鸡

灰胸竹鸡的最小种群密度为 1.377 只/km²，最大种群密度为 1.783 只/km²，种群数量为 4304～5574 只。

（21）勺鸡

勺鸡的最小种群密度为 0.405 只/km²，最大种群密度为 0.542 只/km²，种群数量为 1268～1695 只。

（22）白鹇

白鹇的最小种群密度为 5.512 只/km²，最大种群密度为 7.627 只/km²，种群数量为 17235～23849 只。

（23）白颈长尾雉

白颈长尾雉的最小种群密度为 0.376 只/km²，最大种群密度为 0.539 只/km²，种群数量为 1174～1685 只。

（24）环颈雉

环颈雉的最小种群密度为 0.003 只/km²，最大种群密度为 0.061 只/km²，种群数量为 10～192 只。

表 8.13 临安区兽类和鸡形目物种种群数量和密度（随机相遇模型）

物种	独立探测数/次	最小平均密度/（只/km²）	最大平均密度/（只/km²）	最小种群数量/只	最大种群数量/只
东北刺猬	735	0.372	1.228	1162	3842
华东林猬	18	0.009	0.030	29	94
猕猴	17	0.007	0.016	22	51
中华穿山甲	1	0.001	0.001	3	4
华南兔	1337	0.449	0.678	1403	2119
赤腹松鼠	2200	1.513	3.818	4732	11938
珀氏长吻松鼠	1348	0.927	2.339	2899	7315
马来豪猪	19	0.009	0.023	27	73
黄腹鼬	83	0.034	0.067	105	211
黄鼬	40	0.023	0.053	73	166
鼬獾	3582	1.028	3.145	3215	9832
猪獾	1177	0.390	1.028	1218	3216
花面狸	1858	0.526	0.976	1646	3052
豹猫	6	0.001	0.003	5	9
野猪	634	0.666	1.223	2083	3824
黑鹿	52	0.015	0.027	46	86
小鹿	16020	3.993	7.343	12487	22959
梅花鹿	99	0.025	0.045	77	142

（续表）

物种	独立探测数/次	最小平均密度/（只/km²）	最大平均密度/（只/km²）	最小种群数量/只	最大种群数量/只
中华鬣羚	21	0.005	0.010	17	30
灰胸竹鸡	564	1.377	1.783	4304	5574
勺鸡	164	0.405	0.542	1268	1695
白鹇	2201	5.512	7.627	17235	23849
白颈长尾雉	148	0.376	0.539	1174	1685
环颈雉	16	0.003	0.061	10	192

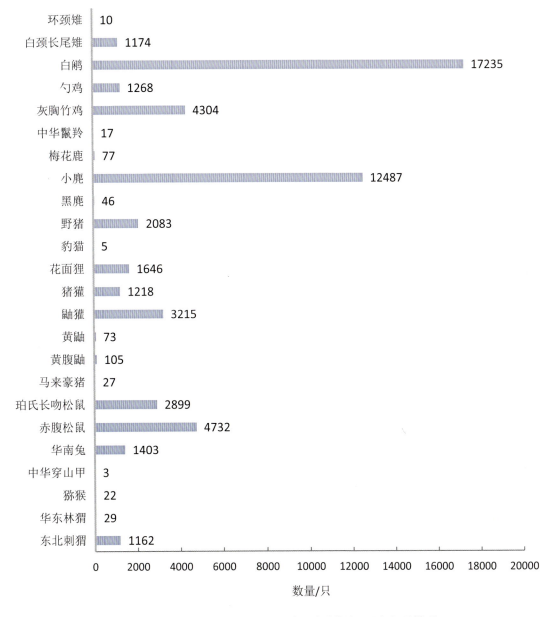

图 8.12 临安区兽类和鸡形目物种最小种群数量（随机相遇模型）

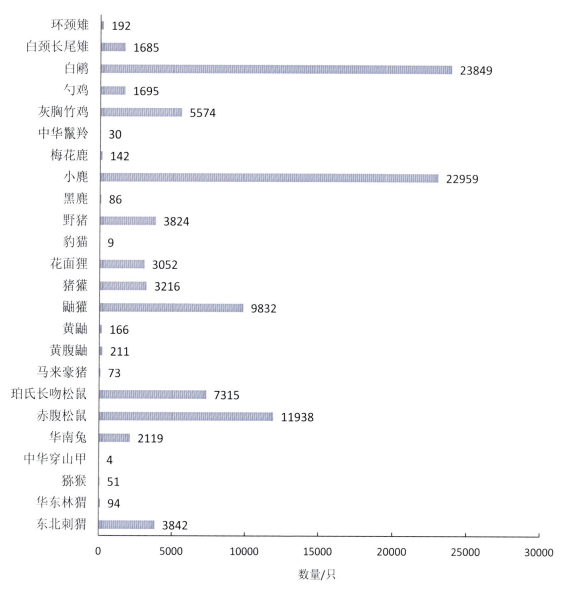

图 8.13 临安区兽类和鸡形目物种最大种群数量（随机相遇模型）

8.4.2 整体估计模型

整体估计模型是以整体拍摄到的独立照片数来估计某一区域内的物种数量，计算公式如下。

$$N_o = S_i \times D$$

$$D = \alpha_m / A \times g$$

$$\alpha_m = \frac{\sum_{j=1}^{N}(N_j / j)}{N}$$

式中：N_o 为种群数量（只）；S_i 为物种 i 的占域面积（km^2）；D 为调查区域内种群平均密度（只/km^2）；N 为调查区域内所布设的红外相机数量；t 为监测时间（d）；A 为每台红外相机的监测面积（km^2）；α_m 为每台相机所拍摄的监测物种个体数量的平均值；N_j 为相机 j 拍摄的独立

照片数；g 为群体系数。

利用整体估计模型计算物种数量，结果如表 8.14、图 8.14 所示。

（1）东北刺猬

东北刺猬的种群密度约为 0.527 只/km²，种群数量约为 1648 只。

（2）华东林猬

华东林猬的种群密度约为 0.013 只/km²，种群数量约为 40 只。

（3）猕猴

猕猴的种群密度约为 0.012 只/km²，种群数量约为 38 只。

（4）中华穿山甲

中华穿山甲的种群密度约为 0.001 只/km²，种群数量约为 3 只。

（5）华南兔

华南兔的种群密度约为 0.959 只/km²，种群数量约为 2999 只。

（6）赤腹松鼠

赤腹松鼠的种群密度约为 1.578 只/km²，种群数量约为 4935 只。

（7）珀氏长吻松鼠

珀氏长吻松鼠的种群密度约为 1.578 只/km²，种群数量约为 4935 只。

（8）马兰豪猪

马兰豪猪的种群密度约为 0.014 只/km²，种群数量约为 43 只。

（9）黄腹鼬

黄腹鼬的种群密度约为 0.060 只/km²，种群数量约为 186 只。

（10）黄鼬

黄鼬的种群密度约为 0.029 只/km²，种群数量约为 90 只。

（11）鼬獾

鼬獾的种群密度约为 2.570 只/km²，种群数量约为 8035 只。

（12）猪獾

猪獾的种群密度约为 0.844 只/km²，种群数量约为 2640 只。

（13）花面狸

花面狸的种群密度约为 1.333 只/km²，种群数量约为 4168 只。

（14）豹猫

豹猫的种群密度约为 0.004 只/km²，种群数量约为 13 只。

（15）野猪

野猪的种群密度约为 0.792 只/km²，种群数量约为 2477 只。

（16）黑麂

黑麂的种群密度约为 0.037 只/km²，种群数量约为 117 只。

（17）小麂

小麂的种群密度约为 11.493 只/km²，种群数量约为 35937 只。

（18）梅花鹿

梅花鹿的种群密度约为 0.055 只/km²，种群数量约为 171 只。

（19）中华鬣羚

中华鬣羚的种群密度约为 0.012 只/km²，种群数量约为 36 只。

（20）灰胸竹鸡

灰胸竹鸡的最小种群密度约为 0.405 只/km²，种群数量约为 1265 只。

（21）勺鸡

勺鸡的种群密度约为 0.118 只/km²，种群数量约为 368 只。

（22）白鹇

白鹇的种群密度约为 1.579 只/km²，种群数量约为 4937 只。

（23）白颈长尾雉

白颈长尾雉的种群密度约为 0.106 只/km²，种群数量约为 332 只。

（24）环颈雉

环颈雉的种群密度约为 0.011 只/km²，种群数量约为 36 只。

表 8.14 临安区兽类和鸡形目物种种群数量和密度（整体估计模型）

物种	独立探测/次	种群密度/（只/km²）	种群数量/只
东北刺猬	735	0.527	1648
华东林猬	18	0.013	40
猕猴	17	0.012	38
中华穿山甲	1	0.001	3
华南兔	1337	0.959	2999
赤腹松鼠	2200	1.578	4935
珀氏长吻松鼠	1348	0.967	3024
马来豪猪	19	0.014	43
黄腹鼬	83	0.06	186
黄鼬	40	0.029	90
鼬獾	3582	2.57	8035
猪獾	1177	0.844	2640
花面狸	1858	1.333	4168
豹猫	6	0.004	13
野猪	634	0.792	2477
黑麂	52	0.037	117
小麂	16020	11.493	35937
梅花鹿	99	0.055	171
中华鬣羚	21	0.012	36
灰胸竹鸡	564	0.405	1265
勺鸡	164	0.118	368
白鹇	2201	1.579	4937
白颈长尾雉	148	0.106	332
环颈雉	16	0.011	36

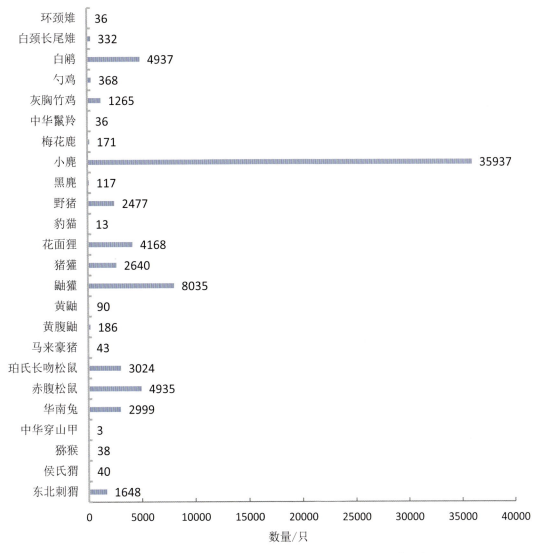

图 **8.14** 临安区兽类和鸡形目物种种群数量（整体估计模型）

8.5 物种间日活动节律比较

对临安区兽类和鸟类的竞争物种日活动节律曲线和重叠度进行分析（表 8.15）。兽类的竞争物种分析包括野猪-鼬獾、野猪-猪獾、野猪-小麂、梅花鹿-小麂、黑麂-小麂。结果表明，野猪-猪獾、野猪-小麂的日活动节律曲线的重叠度高，但具有显著差异（$P<0.05$）；梅花鹿-小麂的日活动节律曲线的重叠度高，且无明显差异；野猪-鼬獾的日活动节律曲线的重叠度相对较低。鸟类的竞争物种分析包括白鹇-勺鸡、白鹇-白颈长尾雉、白鹇-灰胸竹鸡、白颈长尾雉-灰胸竹鸡、白颈长尾雉-勺鸡。结果表明，仅白鹇-灰胸竹鸡的日活动节律曲线高度重叠，但差异显著（$P<0.05$）；白鹇与勺鸡、白颈长尾雉，白颈长尾雉与灰胸竹鸡、勺鸡的日活动节律曲线的重叠度高，且差异不显著（图 8.15）。

表 8.15 竞争物种之间的日活动节律曲线的重叠情况

物种对	重叠系数	P	95%置信区间下限	95%置信区间上限
野猪-鼬獾	0.538	0.000	0.520	0.593
野猪-猪獾	0.781	0.000	0.752	0.863
野猪-小鹿	0.903	0.000	0.870	0.933
梅花鹿-小鹿	0.892	0.124	0.802	0.925
黑鹿-小鹿	0.794	0.037	0.683	0.883
白鹇-勺鸡	0.877	0.037	0.800	0.921
白鹇-白颈长尾雉	0.873	0.057	0.797	0.924
白鹇-灰胸竹鸡	0.854	0.000	0.819	0.897
白颈长尾雉-灰胸竹鸡	0.929	0.680	0.842	0.951
白颈长尾雉-勺鸡	0.876	0.182	0.768	0.921

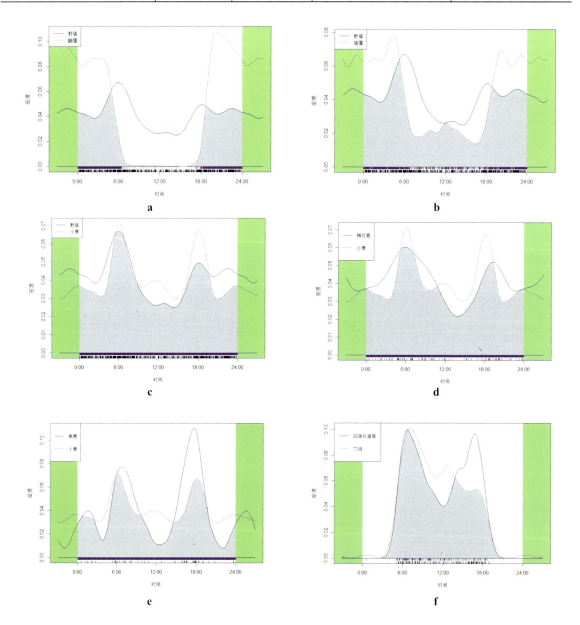

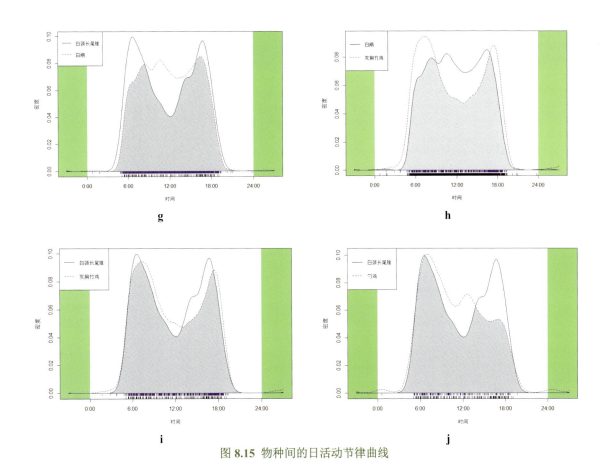

图 8.15 物种间的日活动节律曲线

参考文献

Ahumada J A, Silva C E, Gajapersad K, et al. Community structure and diversity of tropical forest mammals: Data from a global camera trap network. Philosophical Transactions of the Royal Society B: Biological Sciences, 2011, 366: 2703-2711.

Carbone C, Christie S, Conforti K, et al. The use of photographic rates to estimate densities of cryptic mammals: Response to Jennelle et al. Animal Conservation, 2002, 5: 121-123.

Chen M T, Tewes M E, Pei K J, et al. Activity patterns and habitat use of sympatric small carnivores in southern Taiwan. 2009, 73: 20-26.

IUCN. The IUCN red list of threatened species[EB/OL]. [2023-08-27]. https://www.iucnredlist.org.

MacKenzie D I, Bailey L L, Nichols J D. Investigating species co-occurrence patterns when species are detected imperfectly. Journal of Animal Ecology, 2004, 73(3): 546-555.

Rowcliffe J M, Field J, Turvey S T. Estimating animal density using camera traps without the need for individual recognition.Journal of Applied Ecology, 2008, 45(4):1228-1236.

Scotson L, Johnston L R, Iannarilli F, et al. Best practices and software for the management and sharing of camera trap data for small and large scales studies. Remote Sensing in Ecology and Conservation, 2017, 3(3): 158-172.

蔡路昀, 徐言朋, 蒋萍萍, 等. 白颈长尾雉的活动区和日活动距离. 浙江大学学报（理学版）, 2007, 34(6): 679-683.

陈琛, 胡磊, 陈照娟, 等. 大兴安岭南段马鹿日活动节律的季节变化研究. 北京林业大学学报, 2017, 39(4): 55-62.

陈立军, 束祖飞, 肖治术. 应用红外相机数据研究动物活动节律——以广东车八岭保护区鸡形目鸟类为例. 生物多样性, 2019, 27(3): 266.

陈立军, 肖文宏, 肖治术. 物种相对多度指数在红外相机数据分析中的应用及局限. 生物多样性, 2019, 27(3): 243.

国家林业和草原局, 农业农村部. 国家林业和草原局 农业农村部公告（2021 年第 3 号）（国家重点保护野生动物名录）[EB/OL].(2021-02-01)[2024-03-08]. https://www.forestry.gov.cn/lyj/1/gkgfxwj/20210201/546057.html.

哈丽亚, 戎可. 斑块化生境中松鼠的秋冬季活动距离研究. 安徽农业科学, 2013, 41(35): 13587-13589.

蒋志刚, 刘少英, 吴毅, 等. 中国哺乳动物多样性（第 2 版）. 生物多样性, 2017, 25(8): 886-895.

李国庆, 刘长成, 刘玉国, 等. 物种分布模型理论研究进展. 生态学报, 2013, 33(16): 4827-4835.

李月辉. 大中型兽类种群数量估算的研究进展. 生物多样性, 2021, 29(12): 1700-1717.

莫锦华, 姬云瑞, 许涵, 等. 海南尖峰岭国家级自然保护区森林动态监测样地鸟类和兽类多样性. 生物多样性, 2021, 29(6): 819.

穆君, 王娇娇, 张雷, 等. 贵州习水国家级自然保护区红外相机鸟兽监测及活动节律分析. 生物多样性, 2019, 27(6): 683.

生态环境部, 中国科学院. 关于发布《中国生物多样性红色名录—脊椎动物卷（2020）》和《中国生物多样性红色名录—高等植物卷（2020）》的公告 [EB/OL].(2023-05-22)[2024-03-08]. https://www.mee.gov.cn/xxgk2018/xxgk/xxgk01/202305/t20230522_1030745.html.

王静轩. 基于 GPS 追踪技术的小兴安岭南部野猪季节性家域及栖息地选择研究. 哈尔滨: 东北林业大学, 2020.

王渊, 李晟, 刘务林, 等. 西藏雅鲁藏布大峡谷国家级自然保护区金猫的色型类别与活动节律. 生物多样性, 2019, 27(6): 638.

席唱白, 迟瑶, 钱天陆, 等. 动物种群动态模型研究的进展与展望. 生态科学, 2019, 38(2): 225-232.

肖文宏, 束祖飞, 陈立军, 等. 占域模型的原理及在野生动物红外相机研究中的应用案例. 生物多样性, 2019, 27(3): 249.

肖治术, 肖文宏, 王天明, 等. 中国野生动物红外相机监测与研究:现状及未来. 生物多样性, 2022, 30(10): 234-259.

于桂清, 康祖杰, 刘美斯, 等. 利用红外相机对湖南壶瓶山国家级自然保护区兽类和鸟类多样性的初步调查. 兽类学报, 2018, 38(1): 104.

赵玉泽, 王志臣, 徐基良, 等. 利用红外照相技术分析野生白冠长尾雉活动节律及时间分配. 生态学报, 2013, 33(19): 6021-6027.

浙江动物志编辑委员会. 浙江动物志•两栖类 爬行类. 杭州: 浙江科学技术出版社, 1990.

浙江动物志编辑委员会. 浙江动物志•鸟类. 杭州: 浙江科学技术出版社, 1990.

浙江动物志编辑委员会. 浙江动物志•兽类. 杭州: 浙江科学技术出版社, 1989.

浙江省林业局. 浙江省林业局关于公开征求《浙江省重点保护陆生野生动物名录（征求意见稿）》意见的函[EB/OL]. (2023-09-06)[2023-12-06]. http://lyj.zj.gov.cn/art/2023/9/6/art_1275954_59059010.html.

浙江省人民政府办公厅. 浙江省人民政府办公厅关于公布浙江省重点保护陆生野生动物名录的通知[EB/OL]. (2016-03-02)[2023-12-06]. http://lyj.zj.gov.cn/art/2016/3/2/art_1275955_59057202.html.

郑光美. 中国鸟类分类与分布名录. 4 版. 北京: 科学出版社, 2023.

周红章, 于晓东, 罗天宏, 等. 物种多样性变化格局与时空尺度. 生物多样性, 2000(3): 325-336.

第9章 野生动物多样性及珍稀濒危物种

9.1 野生动物种类

　　临安区为野生动植物提供了良好的生态栖息环境，野生动物资源丰富。项目组通过长达 3 年的野外调查，共记录临安区原生野生脊椎动物 659 种，隶属 39 目 145 科。其中，鱼类 8 目 20 科 104 种，两栖类 2 目 9 科 35 种，爬行类 2 目 18 科 58 种，鸟类 19 目 74 科 386 种，兽类 8 目 24 科 76 种。

9.2 调查新发现

　　本次临安区动物资源调查最突出的成绩之一是新增了大量野生动物分布新记录，共计 50 种，占临安区野生脊椎动物总种数的 7.6%。其中，鱼类 6 种，两栖类 1 种，爬行类 3 种，鸟类 34 种，兽类 6 种（详见表 9.1）。其中，新物种 2 种，浙江新记录 6 种，杭州新记录 9 种，其余 33 种为临安新记录。

表 9.1 临安区野生脊椎动物新记录

序号	中文名	拉丁学名	备注
	兽类		
1	安徽麝鼩	*Crocidura anhuiensis*	浙江新记录
2	华东林猬	*Mesechinus orientalis*	新物种
3	藏酋猴	*Macaca thibetana*	杭州新记录
4	灰伏翼	*Hypsugo pulveratus*	杭州新记录
5	大蹄蝠	*Hipposideros armiger*	临安新记录
6	东方棕蝠	*Eptesicus pachyomus*	临安新记录
	鸟类		
7	棉凫	*Nettapus coromandelianus*	临安新记录
8	绿眉鸭	*Mareca americana*	浙江新记录
9	白眼潜鸭	*Aythya nyroca*	临安新记录
10	斑头秋沙鸭	*Mergellus albellus*	临安新记录
11	红胸秋沙鸭	*Mergus serrator*	临安新记录
12	黑颈䴙䴘	*Podiceps nigricollis*	临安新记录
13	小田鸡	*Zapornia pusilla*	临安新记录

（续表）

序号	中文名	拉丁学名	备注
14	西秧鸡	*Rallus aquaticus*	临安新记录
15	斑尾鹃鸠	*Macropygia unchall*	杭州新记录
16	短嘴金丝燕	*Aerodramus brevirostris*	临安新记录
17	蒙古沙鸻	*Charadrius mongolus*	临安新记录
18	翘嘴鹬	*Xenus cinereus*	临安新记录
19	翻石鹬	*Arenaria interpres*	临安新记录
20	红腹滨鹬	*Calidris canutus*	临安新记录
21	红颈瓣蹼鹬	*Phalaropus lobatus*	临安新记录
22	黑尾鸥	*Larus crassirostris*	临安新记录
23	渔鸥	*Ichthyaetus ichthyaetus*	临安新记录
24	鸥嘴噪鸥	*Gelochelidon nilotica*	临安新记录
25	大鹃鵙	*Coracina macei*	杭州新记录
26	小嘴乌鸦	*Corvus corone*	临安新记录
27	大短趾百灵	*Calandrella brachydactyla*	临安新记录
28	远东苇莺	*Acrocephalus tangorum*	浙江新记录
29	小蝗莺	*Locustella certhiola*	临安新记录
30	毛脚燕	*Delichon urbicum*	杭州新记录
31	普通朱雀	*Carpodacus erythrinus*	临安新记录
32	红颈苇鹀	*Emberiza yessoensis*	临安新记录
33	苇鹀	*Emberiza pallasi*	临安新记录
34	芦鹀	*Emberiza schoeniclus*	临安新记录
35	铁爪鹀	*Calcarius lapponicus*	临安新记录
36	白额鹱	*Calonectris leucomelas*	临安新记录
37	云南柳莺	*Phylloscopus yunnanensis*	杭州新记录
38	乌嘴柳莺	*Phylloscopus magnirostris*	临安新记录
39	红交嘴雀	*Loxia curvirostra*	临安新记录
40	黄嘴白鹭	*Egretta eulophotes*	临安新记录
爬行类			
41	股鳞蜓蜥	*Sphenomorphus incognitus*	杭州新记录
42	古氏草蜥	*Takydromus kuehnei*	杭州新记录
43	平鳞钝头蛇	*Pareas boulengeri*	杭州新记录
两栖类			
44	小棘蛙	*Quasipaa exilispinosa*	临安新记录
鱼类			
45	虹彩马口鱼	*Opsariichthys iridescens*	新物种
46	斜方鳑	*Acheilognathus rhombeus*	浙江新记录
47	张氏小鳔鮈	*Microphysogobio zhangi*	浙江新记录
48	圆尾薄鳅	*Leptobotia rotundilobus*	浙江新记录
49	无斑吻虾虎鱼	*Rhinogobius immaculatus*	临安新记录
50	苕溪鱲	*Zacco tiaoxiensis*	临安新记录

9.3 国家重点保护野生动物

根据《国家重点保护野生动物名录》（2021），临安区的野生脊椎动物资源中，国家一级重点保护野生动物共有 25 种。其中，兽类 9 种，即豺、大灵猫、小灵猫、金猫、云豹、豹、中华穿山甲、华南梅花鹿、黑麂；鸟类 15 种，即白颈长尾雉、青头潜鸭、中华秋沙鸭、白鹤、白枕鹤、白头鹤、黑嘴鸥、东方白鹳、黑脸琵鹭、海南鳽、卷羽鹈鹕、秃鹫、乌雕、黄胸鹀、黄嘴白鹭；两栖类 1 种，即安吉小鲵。详见表 9.2。

表 9.2 临安区国家一级重点保护野生动物

物种	物种
豺 *Cuon alpinus*	白鹤 *Grus leucogeranus*
大灵猫 *Viverra zibetha*	白枕鹤 *Grus vipio*
小灵猫 *Viverricula indica*	白头鹤 *Grus monacha*
金猫 *Felis temminckii*	黑嘴鸥 *Saundersilarus saundersi*
云豹 *Neofelis nebulosa*	东方白鹳 *Ciconia boyciana*
豹 *Panthera pardus*	黑脸琵鹭 *Platalea minor*
中华穿山甲 *Manis pentadactyla*	海南鳽 *Gorsachius magnificus*
华南梅花鹿 *Cervus pseudaxis*	卷羽鹈鹕 *Pelecanus crispus*
黑麂 *Muntiacus crinifrons*	秃鹫 *Aegypius monachus*
白颈长尾雉 *Syrmaticus ellioti*	乌雕 *Clanga clanga*
青头潜鸭 *Aythya baeri*	黄胸鹀 *Emberiza aureola*
中华秋沙鸭 *Mergus squamatus*	安吉小鲵 *Hynobius amjiensis*
黄嘴白鹭 *Egretta eulophotes*	

临安区共有国家二级重点保护野生动物 89 种。其中，兽类 11 种，即猕猴、藏酋猴、赤狐、貉、狼、欧亚水獭、黄喉貂、豹猫、毛冠鹿、中华鬣羚、中华斑羚；鸟类 71 种，即勺鸡、白鹇、斑尾鹃鸠、褐翅鸦鹃、小鸦鹃、黑翅鸢、黑鸢、蛇雕、凤头鹰、松雀鹰、林雕、白腹隼雕、鹰雕、领角鸮、北领角鸮、红角鸮、雕鸮、黄腿渔鸮、褐林鸮、领鸺鹠、斑头鸺鹠、草鸮、白胸翡翠、红隼、游隼、短尾鸦雀、棕噪鹛、画眉、红嘴相思鸟、蓝鹀、棉凫、水雉、黑冠鹃隼、赤腹鹰、日本鹰鸮、仙八色鸫、白喉林鹟、小天鹅、鸿雁、白额雁、小白额雁、鸳鸯、花脸鸭、斑头秋沙鸭、黑颈鸊鷉、灰鹤、白腰杓鹬、白琵鹭、白腹鹞、白尾鹞、鹊鹞、雀鹰、苍鹰、普通鵟、长耳鸮、短耳鸮、云雀、半蹼鹬、小杓鹬、大杓鹬、翻石鹬、大滨鹬、鹗、凤头蜂鹰、日本松雀鹰、灰脸鵟鹰、红脚隼、燕隼、红喉歌鸲、蓝喉歌鸲、红交嘴雀；爬行类 4 种，即平胸龟、乌龟、黄缘闭壳龟、脆蛇蜥；两栖类 3 种，即义乌小鲵、中国瘰螈和虎纹蛙。详见表 9.3。

表 9.3 临安区国家二级重点保护野生动物

物种	物种
猕猴 *Macaca mulatta*	赤腹鹰 *Accipiter soloensis*
藏酋猴 *Macaca thibetana*	日本鹰鸮 *Ninox japonica*
赤狐 *Vulpes vulpes*	仙八色鸫 *Pitta nympha*
貉 *Nyctereutes procyonoides*	白喉林鹟 *Cyornis brunneatus*
狼 *Canis lupus*	小天鹅 *Cygnus columbianus*
欧亚水獭 *Lutra lutra*	鸿雁 *Anser cygnoides*
黄喉貂 *Martes flavigula*	白额雁 *Anser albifrons*
豹猫 *Prionailurus bengalensis*	小白额雁 *Anser erythropus*
毛冠鹿 *Elaphodus cephalophus*	鸳鸯 *Aix galericulata*
中华鬣羚 *Capricornis milneedwardsii*	花脸鸭 *Sibirionetta formosa*
中华斑羚 *Naemorhedus griseus*	斑头秋沙鸭 *Mergellus albellus*
勺鸡 *Pucrasia macrolopha*	黑颈䴙䴘 *Podiceps nigricollis*
白鹇 *Lophura nycthemera*	灰鹤 *Grus grus*
斑尾鹃鸠 *Macropygia unchall*	白腰杓鹬 *Numenius arquata*
褐翅鸦鹃 *Centropus sinensis*	白琵鹭 *Platalea leucorodia*
小鸦鹃 *Centropus bengalensis*	白腹鹞 *Circus spilonotus*
黑翅鸢 *Elanus caeruleus*	白尾鹞 *Circus cyaneus*
黑鸢 *Milvus migrans*	鹊鹞 *Circus melanoleucos*
蛇雕 *Spilornis cheela*	雀鹰 *Accipiter nisus*
凤头鹰 *Accipiter trivirgatus*	苍鹰 *Accipiter gentilis*
松雀鹰 *Accipiter virgatus*	普通鵟 *Buteo japonicus*
林雕 *Ictinaetus malaiensis*	长耳鸮 *Asio otus*
白腹隼雕 *Aquila fasciata*	短耳鸮 *Asio flammeus*
鹰雕 *Nisaetus nipalensis*	云雀 *Alauda arvensis*
领角鸮 *Otus lettia*	半蹼鹬 *Limnodromus semipalmatus*
北领角鸮 *Otus semitorques*	小杓鹬 *Numenius minutus*
红角鸮 *Otus sunia*	大杓鹬 *Numenius madagascariensis*
雕鸮 *Bubo bubo*	翻石鹬 *Arenaria interpres*
黄腿渔鸮 *Ketupa flavipes*	大滨鹬 *Calidris tenuirostris*
褐林鸮 *Strix leptogrammica*	鹗 *Pandion haliaetus*
领鸺鹠 *Glaucidium brodiei*	凤头蜂鹰 *Pernis ptilorhynchus*
斑头鸺鹠 *Glaucidium cuculoides*	日本松雀鹰 *Accipiter gularis*
草鸮 *Tyto longimembris*	灰脸鵟鹰 *Butastur indicus*
白胸翡翠 *Halcyon smyrnensis*	红脚隼 *Falco amurensis*
红隼 *Falco tinnunculus*	燕隼 *Falco subbuteo*
游隼 *Falco peregrinus*	红喉歌鸲 *Calliope calliope*
短尾鸦雀 *Neosuthora davidiana*	蓝喉歌鸲 *Luscinia svecica*
棕噪鹛 *Garrulax poecilorhynchus*	平胸龟 *Platysternon megacephalum*
画眉 *Garrulax canorus*	乌龟 *Mauremys reevesii*
红嘴相思鸟 *Leiothrix lutea*	黄缘闭壳龟 *Cuora flavomarginata*
蓝鹀 *Emberiza siemsseni*	脆蛇蜥 *Dopasia harti*

（续表）

物种	物种
棉凫 *Nettapus coromandelianus*	义乌小鲵 *Hynobius yiwuensis*
水雉 *Hydrophasianus chirurgus*	中国瘰螈 *Paramesotriton chinensis*
黑冠鹃隼 *Aviceda leuphotes*	虎纹蛙 *Hoplobatrachus chinensis*
红交嘴雀 *Loxia curvirostra*	

9.4 《世界自然保护联盟濒危物种红色名录》濒危物种

临安区的脊椎动物被列入《IUCN 红色名录》易危（VU）等级以上的物种共 47 种。其中，极危（CR）物种共 4 种，濒危（EN）物种 13 种，易危（VU）物种 30 种。

鱼类中，濒危（EN）物种 2 种，即日本鳗鲡、刀鲚。

两栖类中，濒危（EN）物种 1 种，为安吉小鲵；易危（VU）物种 2 种，即九龙棘蛙、棘胸蛙。

爬行类中，濒危（EN）物种 3 种，为平胸龟、乌龟、黄缘闭壳龟；易危（VU）物种 5 种，为中华鳖、舟山眼镜蛇、尖吻蝮、银环蛇、黑眉锦蛇。

鸟类中，被评估为易危（VU）物种的有 16 种，即黄嘴白鹭、尖尾滨鹬、蓝翡翠、鸿雁、小白额雁、红头潜鸭、白枕鹤、白头鹤、黑嘴鸥、三趾鸥、乌雕、仙八色鸫、白颈鸦、远东苇莺、白喉林鹟、田鹀；被评估为濒危（EN）物种的鸟类有 6 种，即中华秋沙鸭、大杓鹬、大滨鹬、东方白鹳、黑脸琵鹭、海南鳽；被评估为极危（CR）物种的有 3 种，即青头潜鸭、白鹤、黄胸鹀。

兽类中，被评估为极危（CR）物种的有 1 种，即中华穿山甲；被评估为濒危（EN）物种的有 1 种，即豺；被评估为易危（VU）物种的有 7 种，即大足鼠耳蝠、猪獾、云豹、豹、黑麂、中华鬣羚、中华斑羚。

详见表 9.4。

表 9.4 临安区《IUCN 红色名录》濒危物种

物种	易危（VU）	濒危（EN）	极危（CR）
九龙棘蛙 *Quasipaa jiulongensis*	√		
棘胸蛙 *Quasipaa spinosa*	√		
中华鳖 *Pelodiscus sinensis*	√		
舟山眼镜蛇 *Naja atra*	√		
尖吻蝮 *Deinagkistrodon acutus*	√		
银环蛇 *Bungarus multicinctus*	√		
黑眉锦蛇 *Elaphe taeniura*	√		
鸿雁 *Anser cygnoides*	√		
小白额雁 *Anser erythropus*	√		
红头潜鸭 *Aythya ferina*	√		

物种	易危（VU）	濒危（EN）	极危（CR）
白枕鹤 *Grus vipio*	√		
白头鹤 *Grus monacha*	√		
黑嘴鸥 *Saundersilarus saundersi*	√		
三趾鸥 *Rissa tridactyla*	√		
乌雕 *Clanga clanga*	√		
仙八色鸫 *Pitta nympha*	√		
白颈鸦 *Corvus pectoralis*	√		
田鹀 *Emberiza rustica*	√		
远东树莺 *Horornis canturians*	√		
白喉林鹟 *Cyornis brunneatus*	√		
黄嘴白鹭 *Egretta eulophotes*	√		
尖尾滨鹬 *Calidris acuminata*	√		
蓝翡翠 *Halcyon pileata*	√		
云豹 *Neofelis nebulosa*	√		
豹 *Panthera pardus*	√		
黑麂 *Muntiacus crinifrons*	√		
中华鬣羚 *Capricornis milneedwardsii*	√		
中华斑羚 *Naemorhedus griseus*	√		
猪獾 *Arctonyx collaris*	√		
大足鼠耳蝠 *Myotis pilosus*	√		
日本鳗鲡 *Anguilla japonica*		√	
刀鲚 *Coilia nasus*		√	
安吉小鲵 *Hynobius amjiensis*		√	
平胸龟 *Platysternon megacephalum*		√	
乌龟 *Mauremys reevesii*		√	
黄缘闭壳龟 *Cuora flavomarginata*		√	
中华秋沙鸭 *Mergus squamatus*		√	
大杓鹬 *Numenius madagascariensis*		√	
大滨鹬 *Calidris tenuirostris*		√	
东方白鹳 *Ciconia boyciana*		√	
黑脸琵鹭 *Platalea minor*		√	
海南鳽 *Gorsachius magnificus*		√	
豺 *Cuon alpinus*		√	
青头潜鸭 *Aythya baeri*			√
白鹤 *Grus leucogeranus*			√
中华穿山甲 *Manis pentadactyla*			√
黄胸鹀 *Emberiza aureola*			√

9.5 《中国生物多样性红色名录—脊椎动物卷（2020）》濒危物种

临安区野生脊椎动物中，共有 68 种物种被《中国生物多样性红色名录》评估为易危

（VU）及以上等级。其中，极危（CR）物种 9 种，濒危（EN）物种 25 种，易危（VU）物种 34 种。

鱼类中，被评估为易危（VU）及以上等级的有 2 种，即黑线鳘[易危（VU）]、日本鳗鲡[濒危（EN）]。

两栖类中，被评估为极危（CR）等级的有 1 种，即安吉小鲵；濒危（EN）等级的 2 种，即虎纹蛙、义乌小鲵；易危（VU）等级的有 4 种，分别为小棘蛙、九龙棘蛙、棘胸蛙和天台粗皮蛙。

爬行类中，被评估为极危（CR）等级的有 2 种，为平胸龟、黄缘闭壳龟；濒危（EN）等级的有 4 种，分别为中华鳖、乌龟、脆蛇蜥、滑鼠蛇；易危（VU）等级的有 10 种，分别为白头蝰、尖吻蝮、中国水蛇、银环蛇、舟山眼镜蛇、福建华珊瑚蛇、乌梢蛇、王锦蛇、黑眉锦蛇、赤链华游蛇。

鸟类中，被评估为易危（VU）的有 12 种，分别为白颈长尾雉、鸿雁、小白额雁、秃鹫、白喉斑秧鸡、大杓鹬、红腹滨鹬、黑嘴鸥、白腹隼雕、仙八色鸫、远东苇莺、白喉林鹟；濒危（EN）等级的有 12 种，分别为棉凫、中华秋沙鸭、白枕鹤、白头鹤、东方白鹳、黑脸琵鹭、黄嘴白鹭、海南鳽、卷羽鹈鹕、乌雕、黄腿渔鸮、大滨鹬；极危（CR）等级的有 3 种，分别为青头潜鸭、白鹤、黄胸鹀。

兽类中，被评估为极危（CR）等级的有 3 种，为中华穿山甲、云豹、大灵猫；濒危（EN）等级的有 6 种，分别为豹、金猫、华南梅花鹿、黑麂、豺、欧亚水獭；易危（VU）等级的有 7 种，分别为渡濑氏鼠耳蝠、藏酋猴、中华斑羚、中华鬣羚、豹猫、食蟹獴、黄喉貂。

详见表 9.5。

表 9.5 临安区《中国生物多样性红色名录》濒危物种

物种	易危（VU）	濒危（EN）	极危（CR）
黑线鳘 *Atrilinea roulei*	√		
小棘蛙 *Quasipaa exilispinosa*	√		
九龙棘蛙 *Quasipaa jiulongensis*	√		
棘胸蛙 *Quasipaa spinosa*	√		
天台粗皮蛙 *Glandirana tientaiensis*	√		
白头蝰 *Azemiops kharini*	√		
中国水蛇 *Myrrophis chinensis*	√		
舟山眼镜蛇 *Naja atra*	√		
尖吻蝮 *Deinagkistrodon acutus*	√		
乌梢蛇 *Ptyas dhumnades*	√		
银环蛇 *Bungarus multicinctus*	√		
福建华珊瑚蛇 *Sinomicrurus kelloggi*	√		
赤链华游蛇 *Trimerodytes annularis*	√		
王锦蛇 *Elaphe carinata*	√		
黑眉锦蛇 *Elaphe taeniura*	√		

（续表）

物种	易危（VU）	濒危（EN）	极危（CR）
白颈长尾雉 *Syrmaticus ellioti*	√		
鸿雁 *Anser cygnoides*	√		
小白额雁 *Anser erythropus*	√		
白喉斑秧鸡 *Rallina eurizonoides*	√		
大杓鹬 *Numenius madagascariensis*	√		
秃鹫 *Aegypius monachus*	√		
红腹滨鹬 *Calidris canutus*	√		
黑嘴鸥 *Saundersilarus saundersi*	√		
白腹隼雕 *Aquila fasciata*	√		
仙八色鸫 *Pitta nympha*	√		
白喉林鹟 *Cyornis brunneatus*	√		
远东苇莺 *Acrocephalus tangorum*	√		
渡濑氏鼠耳蝠 *Myotis rufoniger*	√		
藏酋猴 *Macaca thibetana*	√		
中华鬣羚 *Capricornis milneedwardsii*	√		
中华斑羚 *Naemorhedus griseus*	√		
豹猫 *Prionailurus bengalensis*	√		
食蟹獴 *Herpestes urva*	√		
黄喉貂 *Martes flavigula*	√		
日本鳗鲡 *Anguilla japonica*		√	
义乌小鲵 *Hynobius yiwuensis*		√	
虎纹蛙 *Hoplobatrachus chinensis*		√	
中华鳖 *Pelodiscus sinensis*		√	
乌龟 *Mauremys reevesii*		√	
脆蛇蜥 *Dopasia harti*		√	
滑鼠蛇 *Ptyas mucosa*		√	
棉凫 *Nettapus coromandelianus*		√	
中华秋沙鸭 *Mergus squamatus*		√	
白枕鹤 *Grus vipio*		√	
白头鹤 *Grus monacha*		√	
东方白鹳 *Ciconia boyciana*		√	
黑脸琵鹭 *Platalea minor*		√	
海南鳽 *Gorsachius magnificus*		√	
卷羽鹈鹕 *Pelecanus crispus*		√	
乌雕 *Clanga clanga*		√	
黄腿渔鸮 *Ketupa flavipes*		√	
黄嘴白鹭 *Egretta eulophotes*		√	
大滨鹬 *Calidris tenuirostris*		√	
豹 *Panthera pardus*		√	
金猫 *Felis temminckii*		√	
华南梅花鹿 *Cervus pseudaxis*		√	

（续表）

物种	易危（VU）	濒危（EN）	极危（CR）
豺 *Cuon alpinus*		√	
欧亚水獭 *Lutra lutra*		√	
黑麂 *Muntiacus crinifrons*		√	
安吉小鲵 *Hynobius amjiensis*			√
平胸龟 *Platysternon megacephalum*			√
黄缘闭壳龟 *Cuora flavomarginata*			√
青头潜鸭 *Aythya baeri*			√
白鹤 *Grus leucogeranus*			√
黄胸鹀 *Emberiza aureola*			√
中华穿山甲 *Manis pentadactyla*			√
云豹 *Neofelis nebulosa*			√
大灵猫 *Viverra zibetha*			√

9.6 《濒危野生动植物种国际贸易公约》物种

本次调查确定的临安区野生脊椎动物中，共有77种物种被列入CITES附录（2023），占临安区野生脊椎动物总种数的11.7%，其中附录Ⅰ物种16种，附录Ⅱ物种51种，附录Ⅲ物种10种。

鱼类中，暂无被列入CITES附录物种。

两栖类中，仅2种物种被列入CITES附录：中国瘰螈被列入附录Ⅱ；安吉小鲵被列入附录Ⅲ。

爬行类中，共5种物种被列入CITES附录：1种被列入附录Ⅰ，即平胸龟；3种被列入附录Ⅱ，即黄缘闭壳龟、滑鼠蛇、舟山眼镜蛇；1种被列入附录Ⅲ，即乌龟。

鸟类中，共49种物种被列入CITES附录：7种被列入附录Ⅰ，包括东方白鹳、游隼、白颈长尾雉、白鹤、白枕鹤、白头鹤、卷羽鹈鹕；42种被列入附录Ⅱ，包括花脸鸭、白琵鹭、红隼、红脚隼、燕隼、黑冠鹃隼、凤头蜂鹰、黑翅鸢、黑鸢、秃鹫、蛇雕、白腹鹞、白尾鹞、鹊鹞、凤头鹰、赤腹鹰、日本松雀鹰、松雀鹰、雀鹰、苍鹰、灰脸鵟鹰、普通鵟等。

兽类中，共21种物种被列入CITES附录：列入附录Ⅰ的有8种，包括中华斑羚、中华鬣羚、黑麂、金猫、云豹、豹、欧亚水獭、中华穿山甲；列入附录Ⅱ的有5种，分别是狼、豺、豹猫、猕猴、藏酋猴；列入附录Ⅲ的有8种，包括赤狐、食蟹獴、黄喉貂、黄腹鼬、黄鼬、花面狸、大灵猫、小灵猫。

9.7 有重要生态、科学、社会价值的陆生野生动物

本次确定的临安区野生脊椎动物中，共有370种物种被列入《有重要生态、科学、社会价值的陆生野生动物》（简称"三有"），占临安区野生脊椎动物总种数的56.15%。

被列入"三有"名录的两栖类物种共有6种，包括淡肩角蟾、挂墩角蟾、中华蟾蜍、布氏泛

树蛙、斑腿泛树蛙、大树蛙。

被列入"三有"名录的爬行类物种共有52种，包括铅山壁虎、多疣壁虎、古氏草蜥、北草蜥、铜蜓蜥、股鳞蜓蜥、中国石龙子、蓝尾石龙子、宁波滑蜥、钩盲蛇、黑脊蛇、平鳞钝头蛇、白头蝰、原矛头蝮、尖吻蝮、台湾烙铁头蛇、福建竹叶青蛇、短尾蝮、银环蛇、舟山眼镜蛇等。

被列入"三有"名录的鸟类共有296种，包括鹌鹑、灰胸竹鸡、环颈雉、豆雁、短嘴豆雁、灰雁、赤麻鸭、翘鼻麻鸭、赤颈鸭、罗纹鸭、赤膀鸭、绿翅鸭、绿眉鸭、绿头鸭、斑嘴鸭、针尾鸭、白眉鸭、琵嘴鸭、红头潜鸭、白眼潜鸭、凤头潜鸭、斑脸海番鸭、红胸秋沙鸭、普通秋沙鸭、小䴙䴘、凤头䴙䴘、山斑鸠、火斑鸠、珠颈斑鸠、普通夜鹰、白喉针尾雨燕、白腰雨燕、小白腰雨燕、短嘴金丝燕、红翅凤头鹃、大鹰鹃、四声杜鹃、大杜鹃、中杜鹃、小杜鹃、八声杜鹃、噪鹃、白喉斑秧鸡、普通秧鸡、白胸苦恶鸟、红脚田鸡、小田鸡、西秧鸡、董鸡、黑水鸡、白骨顶、黑翅长脚鹬、反嘴鹬、凤头麦鸡、灰头麦鸡、金鸻、灰鸻、长嘴剑鸻、金眶鸻等。

被列入"三有"名录的兽类共有16种，包括东北刺猬、大蹄蝠、华南兔、赤腹松鼠、倭花鼠、珀氏长吻松鼠、中华竹鼠、马来豪猪、小麂、黄腹鼬、黄鼬、亚洲狗獾、猪獾、鼬獾、花面狸、食蟹獴。

9.8 浙江省重点保护陆生野生动物

临安区有浙江省重点保护陆生野生动物 69 种，占临安区野生脊椎动物种类总种数的 10.5%。

两栖类中，仅大树蛙 1 种浙江省重点保护陆生野生动物。

爬行类中，浙江省重点保护陆生野生动物有 12 种，包括宁波滑蜥、白头蝰、尖吻蝮、舟山眼镜蛇、福建华珊瑚蛇、环纹华珊瑚蛇、滑鼠蛇、灰腹绿锦蛇、玉斑锦蛇、紫灰锦蛇、王锦蛇、黑眉锦蛇。

鸟类中，浙江省重点保护陆生野生动物有 47 种，包括灰雁、豆雁、短嘴豆雁、斑脸海番鸭、红胸秋沙鸭、普通秋沙鸭、翘鼻麻鸭、赤麻鸭、红头潜鸭、凤头潜鸭、白眼潜鸭、白眉鸭、琵嘴鸭、罗纹鸭、赤膀鸭、赤颈鸭、绿眉鸭、斑嘴鸭、绿头鸭、针尾鸭、绿翅鸭、白额鹱、短嘴金丝燕、白喉斑秧鸡、董鸡、凤头麦鸡、长嘴剑鸻、黑尾塍鹬、灰尾漂鹬、红腹滨鹬、红颈滨鹬、弯嘴滨鹬、三趾鸥、黑尾鸥、白额燕鸥、普通燕鸥、灰翅浮鸥、白翅浮鸥、三宝鸟、蓝翡翠、黑枕黄鹂、寿带、白颈鸦、矛斑蝗莺、丽星鹩鹛、黄头鹡鸰、红颈苇鹀。

兽类中，浙江省重点保护陆生野生动物有 9 种，黄腹鼬、黄鼬、亚洲狗獾、鼬獾、猪獾、花面狸、食蟹獴、黄山猪尾鼠、马来豪猪。

参考文献

IUCN. The IUCN red list of threatened species[EB/OL]. [2023-08-27]. https://www.iucnredlist.org.

丁平, 童彩亮, 翁东明. 浙江清凉峰生物多样性研究. 北京: 中国林业出版社, 2020.

费梁, 叶昌媛, 江建平. 中国两栖动物彩色图鉴. 成都: 四川科学技术出版社, 2010.

费梁. 中国两栖动物检索及图解. 成都: 四川科学技术出版社, 2005.

国家林业和草原局, 农业农村部. 国家林业和草原局 农业农村部公告（2021 年第 3 号）（国家重点保护野生动物名录）[EB/OL].(2021-02-01)[2024-03-08]. https://www.forestry.gov.cn/lyj/1/gkgfxwj/20210201/546057.html.

马敬能, 菲利普斯, 何芬奇. 中国鸟类野外手册 . 2 版. 长沙: 湖南教育出版社, 2019.

生态环境部, 中国科学院. 关于发布《中国生物多样性红色名录—脊椎动物卷（2020）》和《中国生物多样性红色名录—高等植物卷（2020）》的公告[EB/OL].(2023-05-22)[2024-03-08]. https://www.mee.gov.cn/xxgk2018/xxgk/xxgk01/202305/t20230522_1030745.html.

王跃招. 中国生物多样性红色名录·脊椎动物·第三卷 爬行动物（上、下）. 北京: 科学技术出版社, 2021.

魏辅文. 中国兽类分类与分布. 北京: 科学出版社, 2022.

吴鸿, 鲁庆彬, 杨淑贞. 天目山动物志（第十一卷）. 杭州: 浙江大学出版社, 2021.

徐卫南, 王义平. 临安珍稀野生动物图鉴. 北京：中国农业科学技术出版社, 2018.

张鹗, 曹文宣. 中国生物多样性红色名录·脊椎动物·第五卷 淡水鱼类（上、下）. 北京: 科学出版社, 2021.

张雁云, 郑光美. 中国生物多样性红色名录·脊椎动物·第二卷 鸟类. 北京: 科学出版社, 2021.

赵尔宓. 中国蛇类. 合肥: 安徽科学技术出版社, 2006.

浙江动物志编辑委员会. 浙江动物志·淡水鱼类. 杭州: 浙江科学技术出版社, 1991.

浙江动物志编辑委员会. 浙江动物志·两栖类 爬行类. 杭州: 浙江科学技术出版社, 1990.

浙江动物志编辑委员会. 浙江动物志·兽类. 杭州: 浙江科学技术出版社, 1989.

浙江省林业局. 浙江省林业局关于公开征求《浙江省重点保护陆生野生动物名录（征求意见稿）》意见的函 [EB/OL]. (2023-09-06)[2023-12-06]. http://lyj.zj.gov.cn/art/2023/9/6/art_1275954_59059010.html.

浙江省人民政府办公厅. 浙江省人民政府办公厅关于公布浙江省重点保护陆生野生动物名录的通知[EB/OL]. (2016-03-02)[2023-12-06]. http://lyj.zj.gov.cn/art/2016/3/2/art_1275955_59057202.html.

郑光美. 中国鸟类分类与分布名录. 4 版. 北京: 科学出版社, 2023.

中国政府网. 有重要生态、科学、社会价值的陆生野生动物名录（国家林业和草原局公告 2023 年第 17 号）[EB/OL]. https://www.gov.cn/zhengce/zhengceku/202307/content_6889361.htm

中华人民共和国濒危物种科学委员会. 2023 年 CITES 附录中文版[EB/OL]. (2023-02-27)[2024-03-08]. http://www.cites.org.cn/citesgy/fl/202302/t20230227_734178.html.

第 10 章　野生动物资源评价

10.1 生物多样性保护价值

临安区野生动物资源丰富，保存众多濒危物种和狭域分布物种，具有非常高的生物多样性保护价值。临安区野生动物地理区系属于东洋界中印亚界的华中区东部丘陵平原亚区，在动物区系成分上，有大量东洋界动物种群，具有明显的东洋界特征。通过 3 年的野外调查，共记录临安区原生野生脊椎动物 659 种，隶属 39 目 145 科，其中鱼类 8 目 20 科 104 种，两栖类 2 目 9 科 35 种，爬行类 2 目 18 科 58 种，鸟类 19 目 74 科 386 种，兽类 8 目 24 科 76 种。本次调查发现脊椎动物新记录、新物种共 50 种，其中兽类 6 种，鸟类 34 种，爬行类 3 种，两栖类 1 种，鱼类 6 种，本次调查发现的 2 种新物种分别为华东林鸮和虹彩马口鱼。

临安区珍稀濒危野生动物众多，其中国家重点保护野生动物就有 114 种之多，包括国家一级重点保护野生动物白颈长尾雉、中华秋沙鸭、东方白鹳、中华穿山甲、小灵猫、梅花鹿、黑麂、安吉小鲵等 25 种，国家二级重点保护野生动物猕猴、中华鬣羚、豹猫、灰鹤、小天鹅、白琵鹭、鸿雁、鸳鸯、蛇雕、林雕、鹰雕、黄嘴角鸮、雕鸮、赤腹鹰、平胸龟、黄缘闭壳龟等 89 种。

临安区《IUCN 红色名录》易危（VU）及以上物种有 47 种，其中极危（CR）4 种，濒危（EN）13 种，易危（VU）30 种。临安区《中国生物多样性红色名录》易危（VU）及以上物种有 68 种，其中极危（CR）9 种，濒危（EN）25 种，易危（VU）34 种。

在狭域分布物种方面，临安区有国家一级重点保护野生动物安吉小鲵（全球仅在安吉龙王山千亩田、临安清凉峰和安徽清凉峰有分布记录，现有种群数量不足 600 尾）。临安区还是国家一级重点保护野生动物黑麂、华南梅花鹿在天目山系重要的分布区。青山湖湿地是国家一级重点保护野生动物中华秋沙鸭在浙江省内重要的越冬栖息地之一，并有其他大量珍稀濒危鸟类在此越冬或过境。青山湖湿地为候鸟提供了丰富的食物资源和安全的栖息环境，是它们在迁徙过程中的重要驿站，对于维护这些濒危鸟类的生存和繁衍至关重要，为鸟类迁徙研究重要的观测点。

10.2 生境保护价值

临安区全域生境以山地森林、湿地、河谷平原为主，野生动植物栖息类型丰富，生态区位既特殊又重要。天目山、清凉峰盘踞于临安区北、西、南三侧，形成马蹄形地形；区内河谷溪流汇于苕溪与分水江，与青山湖湿地共同润泽整个区。得天独厚的自然地理条件使区内人为干扰程度轻，较少的开发和利用使区内完好的自然环境和稳定的生态系统得以保留，为繁衍于此的动植物提供了优良的栖息生境；相对较大的海拔高差使区内形成明显的垂直分布带，从而使区内拥有较为全面的植被生境类型，包括常绿阔叶林区、落叶阔叶林、针阔混交林、针叶林以及草地灌丛等，满足了不同动植物繁衍、生存的需要。

临安区山区地势连绵，海拔高低悬殊，有中山、低山、丘陵等多种地貌，加上土壤、温度、水分、光照等各种生态因子在小尺度下有机结合，孕育并保存了丰富的植被类型，为野生动植物提供了多样且优良的生态栖息环境，从而为物种的保存提供了得天独厚的基础条件，庇护着华南梅花鹿、黑麂、中华鬣羚、中华穿山甲、白颈长尾雉、勺鸡等国家重点保护野生动物的生存和繁衍。

临安区湿地类型多样，包括河流、洪泛平原、永久性淡水湖、库塘、农田等类型，是我国中华秋沙鸭、白鹤等珍稀候鸟的重要越冬地之一。临安区湿地生境分布的鸟类中属国家一级重点保护野生动物的有中华秋沙鸭、东方白鹳，属国家二级重点保护野生动物的有小天鹅、鸿雁、白额雁、小白额雁、鸳鸯、灰鹤、白琵鹭、隼形目和鸮形目等多种鸟类。广阔的水域环境也为不同栖息类群的两栖类、爬行类提供了良好的栖息环境。临安区物种多样性程度高，保存了安吉小鲵、中国瘰螈等珍稀濒危的子遗物种，在物种演化历史和生物地理学研究方面具有重要的价值。

10.3 受胁现状

临安区生态环境良好，野生动物多样性丰富，珍稀濒危物种众多，但从生态环境和野生动物保护的角度讲，也存在一些受胁因素和亟待解决的问题。

10.3.1 竹林面积比重过大，林地结构有待优化

竹产业是浙江省临安区传统优势产业，是该地区经济发展、富民增收的主导产业。但是，从野生动物保护的角度讲，临安区竹林面积超百万亩，占林地面积半数以上，且经营强度大，生境异质性弱，不利于野生动物多样性的维护。大面积竹林虽然从景观角度看是连成一片且植被盖度高，但是内部没有多样生境的镶嵌。而多数野生动物在其生活周期中需要多种生境的转换，单一化生境使它们无法获得生活史不同阶段所需的异质性生境，从而影响物种的生存。

临安区大面积竹林的分布使得野生动物适宜栖息地面积缩小，影响种群的大小和繁衍速

率。一方面，竹林生境的单一化改变了原来生境能够提供的食物的质和量，并通过改变温度与湿度来改变微气候，也改变了隐蔽物的效能和物种间的联系，因此增加了捕食率和种间竞争，放大了人类的影响；另一方面，被竹林切割的其他生境变得更加破碎，在不连续的片段中，残存面积的再分配影响物种散布和迁移的速率。

10.3.2 人为干扰影响较大

临安区利用得天独厚的区域优势、生态优势，大力发展生态旅游，取得很好的经济和社会效益。生态旅游是一把双刃剑，在提高人们的环境保护意识的同时，又容易对当地的自然生态系统造成不良的影响。

由于生态旅游的发展，临安区的许多山林成为热门旅游路线。生态旅游对野生动物的影响最直接的是干扰、损伤动物，改变动物个体行为（如取食时间减少，放弃现有生境，生理指标变化等），而这些影响将导致动物的数量、分布以及物种多样性的变化。人为干扰会间接影响生境，如改变动物栖息空间结构、破坏植被、污染环境及引入外来物种等，这些影响可改变野生动物生活与迁移习性，或降低其繁殖力，并最终引起动物个体与种群动态变化。我们通过红外相机从时间和空间尺度分析人类活动对野生动物的影响，发现森林生境中，鹿科动物活动频率在旅游旺季显著降低，在旅游淡季逐渐增大，呈现一定的周期性，这说明人类活动增加会明显影响野生鹿科动物的行为。

野生动物对人类的警觉性特别高，无序的生态旅游会对山区动物活动造成影响。基于此，未来规划和开发生态旅游时要重视人类活动对野生动物的干扰，通过合理规划，避开珍稀野生动物敏感区，并加强人员管理，平衡野生动物保护与生态旅游发展的关系。只有这样，才能保护好当地丰富的生态资源，确保生态旅游的可持续发展。

10.4 保护对策

10.4.1 开展野生动物栖息地改造

随着对野生动物栖息地质量提升的日益重视，未来需优化临安区的林地结构，控制竹林面积的增长，增加阔叶林植被的比重，科学有效配置林地资源，处理好生态建设与经济发展、长远利益与当前利益的关系，保障野生动物保护与社会经济可持续发展并重。

（1）加强对临安区内低山、丘陵地段景观优美的马尾松林和阔叶林的保护，对生长不良、景观不美的低产马尾松林进行林相改造，补植阔叶树种，形成阔叶林或针阔混交林景观。在赋石、老石坎水库流域地区，开展阔叶林生态修复和水土保持，加强天然林保护，恢复阔叶林和针阔混交林；强化珍稀濒危野生动物的抢救性保护，对安吉小鲵、中华鬛羚、中华穿山甲等濒危物种实施专项保护工程；通过封山育林和退耕还林，提高生物多样性和增强生态服务功能。

（2）加强湿地生态系统保护。苕溪、分水江、青山湖等水域在临安区形成了大面积的湿地，是当地生物多样性丰富和生产力较高的生态系统，是众多野生动物的聚集地，特别是珍稀水禽的繁殖栖息和越冬地。

（3）大力发展阔叶林建设。阔叶林是浙江的地带性植物群落，由于其群落结构复杂、稳定性高，因而在涵养水源、调节气候、保护生物多样性、维护生态平衡、防灾减灾、丰富森林景观等诸方面均具有较针叶林群落更强的生态功能和社会功能。应依托重点工程，选择重要区位的公益林作为突破口，通过人工造林、补植改造、封山育林等营造林措施，对现有公益林进行改造，巩固现有的绿化建设成果，实现阔叶林（包括以阔叶树为主的针阔混交林、竹木混交林）面积与占比的显著增加，使得阔叶林资源得到较大增加。

10.4.2 加强外来入侵物种防控

外来入侵物种对临安区的生态安全存在较大影响，需积极引导科学放生，充分认识外来入侵物种危害的严重性和防治外来入侵物种对保护本地生态系统安全的重大意义。加强对外来物种引进的监管工作，对外来物种开展科学的风险评估。严禁在自然保护区、生态功能区等引进外来物种；严禁个人随意丢弃或放生外来物种。不断加强和完善外来入侵物种防治的基础设施和技术手段的建设，提高生物安全管理水平。

10.4.3 加强生态旅游的提质增效

科学规划、严格管理、环境教育是生态旅游提质增效的重要内容。

（1）通过科学的生态旅游规划，引导人类活动向非野生动物聚集区转移，在路线设计上规避珍稀野生动物集中分布的赖以生存的生境。

（2）通过严格管理，有效减少游客的干扰；建议提供可下载的电子地图，游客通过手机定位明确自身所在位置，若处于野生动物保护区，应立即自觉停止干扰行为并离开；在自然保护区的缓冲区和实验区，严禁旅游行为；减少人类活动的残留物，减少公共卫生隐患。

（3）引导社区居民改变落后的生产、生活方式，降低对自然资源的直接消耗。

（4）为社区群众发展生态类型农林生产提供技术支持，抓住美丽乡村建设机遇，培养有生态保护意识、懂技术的新型农民，基于当地优势，调整产业结构，减缓竹林面积增长，发展对野生动物栖息地影响小的绿色产业。

（5）建设社区共管共建示范村，把野生动物资源保护、森林资源保护和社区发展有机地结合起来，把临安建设成为人与自然和谐相处、野生动物栖息地保护与社区共同发展的样板。

10.4.4 采取综合措施，强化资源管护

在实际考察过程中，我们发现临安区仍存在监管措施有限、资源管护不到位等情况，为继续推进区内的生态保护工作，需要采取综合性保护措施。如加强管护队伍的培训和管理，落实安全责任制度，实行严格的责任追究制度；严格执行巡护制度，增加巡护力度，规范林区执法，严格按照执法程序维护区内的资源安全；制止乱砍滥伐、乱捕滥猎、破坏生态环境等违法行为，保护野生动植物资源及其栖息地；对已经遭受破坏或生态系统较为薄弱的区域及时进行生态修复；建立野生动植物监测系统，使用先进的技术手段（如红外相机、无人机等）监测野生动植物的状态；建立紧急响应机制，以应对突发事件，如自然灾害、人为火灾等。

10.4.5 加强科普宣传，引导全民参与

临安区经过多年的努力，乱捕滥伐等破坏生态环境的行为已经得到了有效控制。但是在调查过程中，我们仍发现兽夹、捕鸟网等一些非法捕猎工具以及生态旅游区内由游客或当地居民留下的生活生产垃圾，因此仍需加强对周围居民和游客的科普宣传活动，通过广泛的科普宣传活动，提高公众对自然保护的认识。建议定期开展环保教育活动，普及相关法律法规，向居民和游客展示与发放生态、环境保护相关的横幅、数字屏幕、宣传册等；定期招募生态志愿者、志愿巡护员等，引导、鼓励公众亲自参与到环境保护的工作当中；建立天目山、清凉峰保护区与社区的紧密联系，加强周围保护区与社区共管共建，以"乡规民约""保护公约"的形式，让自然保护意识渗透进当地居民的日常生活中，形成共同保护、相互监督、齐抓共管的局面。

10.4.6 强化引导示范，促进社区和谐

社区工作对生态保护事业的可持续发展至关重要。在推动环境效益的同时，我们也必须关注社区的经济发展问题。开展社区共管共建示范村建设。这意味着引导社区居民改变相对落后的生产、生活方式，调整产业结构，为居民提供从事生态型生产经营活动的机会。例如，利用当地优美的自然环境和特色农林产品，结合民俗风情，开展生态旅游服务业。这不仅能够降低对自然资源的直接消耗，还可以增加社区居民的收入，促进经济发展。建立社区委员会，共同制订发展计划，让居民参与到社区事务的决策过程中。定期与居民代表开会交流，协商解决潜在的问题与冲突，从而确保人与自然和谐发展。通过为居民提供相关技术培训和市场销售渠道，培养有文化、懂技术的新型农民，推动生态产业的发展，提升居民的收入水平。践行生态文明建设理念，把森林资源保护和社区发展有机地结合起来。让自然资源保护与地方经济发展相互协调、相互促进，使临安成为环境、资源和社区经济共同发展的优质区县。

10.4.7 完善基础设施，提升保护能力

　　加强基础设施建设，是提升临安区野生动物保护能力的关键举措。针对这一问题，需采取一系列有针对性的措施，以确保保护工作的顺利进行。完善几大关键保护区域内的道路、桥梁、围栏等基础设施，提高交通便利性，保证相关工作人员的巡护和管理工作的顺利开展。利用现代科技手段，建立完善的野生动物监测网络，设置监测点，安装监测设备，实时监测野生动物的活动状况和生境变化。通过对监测数据的分析和评估，及时发现问题，采取相应的保护措施，提高保护工作的科学性和精准性。加强保护设施的建设，在关键地点设置保护站、宣传栏、警示牌等设施，给游客和居民提供关于野生动物保护的知识，增强公众对保护工作的参与意识。加强关键区域的边界围栏和标识建设，确保人类活动对野生动物的干扰最小化。政府部门、科研机构、社会组织等各方应该密切合作，共同制定保护规划和政策，整合资源和力量，加强技术支持和人力保障，形成合力，推动保护工作向前发展。

参考文献

包宗芳. 浅析野生动物保护现状与自然保护区管理策略. 农家参谋, 2022(22): 121-123.

蔡亚丽. 林业野生动植物保护与自然保护区管理策略分析. 黑龙江环境通报, 2023, 36(4): 112-115.

陈梅花, 苏月琴. 乡村振兴背景下畲族乡村民宿旅游开发研究——以泰顺县左溪村和竹里村为例. 农村经济与科技, 2021, 32(9): 94-96.

褚华凯. 全域旅游视角下旅游资源评价体系构建和应用. 杭州: 浙江大学, 2021.

邓海雯. 社区参与背景下生态旅游开发博弈研究. 上海: 上海师范大学, 2022.

龚细成, 章书声, 潘成松, 等. 乌岩岭自然保护区发展生态旅游 SWOT 分析. 华东森林经理, 2015, 29(3): 45-49.

廖倩. 论自然保护区生态旅游管理和可持续发展. 旅游纵览, 2022(19): 53-55.

楼红旗, 楼凌云. 临安市湿地植物资源及其园林应用研究. 浙江农业科学, 2013(2): 162-165.

楼宇杰. 乡村振兴战略背景下临安区白沙村乡村生态旅游发展的探讨. 浙江农业科学, 2019, 60(10): 1929-1932.

马崇轩. 林业野生动植物保护与自然保护区管理策略. 南方农业, 2022, 16(6): 219-221.

生态环境部. 中国生物多样性保护战略与行动计划（2011—2030 年）[EB/OL]. (2010-09-21)[2023-09-28]. https://www.mee.gov.cn/gkml/hbb/bwj/201009/t20100921_194841.htm.

苏莹雪. 生态旅游本土化发展方向及基于环境伦理的实证分析. 杭州: 浙江大学, 2014.

王小德, 任海芳, 张万荣, 等. 青山湖湿地景观保护与开发相关问题的探讨. 浙江林学院学报, 2002(4): 74-77.

张书润. 乌岩岭国家级自然保护区生态旅游的环境影响评价研究. 杭州: 浙江农林大学, 2019.

周隽, 沈月琴, 邵香君, 等.浙江临安笋、竹加工业现状与发展对策.世界竹藤通讯, 2023, 21(3): 99-105.

周游.新乡村主义与农村生态旅游发展探析——以浙江临安"绿色家园，富丽山村"的建设实践为例.安 徽农业科学, 2012, 40(11): 6615-6617,6656.

附录　临安区野生脊椎动物名录（2023 年版）

附录 1　哺乳纲（兽类）MAMMALIA（76 种，分属 8 目 24 科 57 属）

物种	保护等级	CRLB	IUCN	CITES	备注
劳亚食虫目 Eulipotyphla					
刺猬科 Erinaceidae					
1.东北刺猬 *Erinaceus amurensis*	三有	LC	LC		
2. 华东林猬 *Mesechinus orientalis*					新物种
鼩鼱科 Soricidae					
3.利安德水麝鼩 *Chimarrogale leander*		DD	NE		
4.臭鼩 *Suncus murinus*		LC	LC		
5.山东小麝鼩 *Crocidura shantungensis*		LC	LC		
6.灰麝鼩 *Crocidura attenuate*		LC	LC		
7.安徽麝鼩 *Crocidura anhuiensis*					新记录
8.大麝鼩 *Crocidura lasiura*		NT	LC		历史记录
鼹科 Talpidae					
9.华南缺齿鼹 *Mogera latouchei*		LC	LC		
翼手目 Chiroptera					
菊头蝠科 Rhinolophidae					
10.大菊头蝠 *Rhinolophus affinis*		NT	LC		
11.中菊头蝠 *Rhinolophus luctus*		LC	LC		历史记录
12.皮氏菊头蝠 *Rhinolophus pearsoni*		LC	LC		
13.中华菊头蝠 *Rhinolophus sinicus*		LC	LC		
14.小菊头蝠 *Rhinolophus pusillus*		LC	LC		
蹄蝠科 Hipposideridae					
15.大蹄蝠 *Hipposideros armiger*	三有	LC	LC		新记录
16.普氏蹄蝠 *Hipposideros pratti*		NT	LC		历史记录
长翼蝠科 Miniopteridae					
17.亚洲长翼蝠 *Miniopterus fuliginosus*		NT	NT		
蝙蝠科 Vespertilionidae					
18.东方棕蝠 *Eptesicus pachyomus*		LC	LC		新记录
19.东亚伏翼 *Pipistrellus abramus*		LC	LC		
20.中华山蝠 *Nyctalus plancyi*		LC	LC		
21.南蝠 *La io*		NT	NT		历史记录

（续表）

物种	保护等级	CRLB	IUCN	CITES	备注
22.灰伏翼 *Hypsugo pulveratus*		NT	NT		新记录
23.大足鼠耳蝠 *Myotis pilosus*		LC	VU		历史记录
24.渡濑氏鼠耳蝠 *Myotis rufoniger*		VU	LC		历史记录
25.大卫鼠耳蝠 *Myotis davidii*		LC	LC		
26.中华鼠耳蝠 *Myotis chinensis*		NT	LC		
灵长目 **Primates**					
猴科 **Cercopithecidae**					
27.猕猴 *Macaca mulatta*	国家二级	LC	LC	II	
28.藏酋猴 *Macaca thibetana*	国家二级	VU	NT	II	新记录
鳞甲目 **Pholidota**					
鲮鲤科 **Manidae**					
29.中华穿山甲 *Manis pentadactyla*	国家一级	CR	CR	I	
兔形目 **Lagomorpha**					
兔科 **Leporidae**					
30.华南兔 *Lepus sinensis*	三有	LC	LC		
啮齿目 **Rodentia**					
松鼠科 **Sciuridae**					
31.赤腹松鼠 *Callosciurus erythraeus*	三有	LC	LC		
32.倭花鼠 *Tamiops maritimus*	三有	LC	LC		历史记录
33.珀氏长吻松鼠 *Dremomys pernyi*	三有	LC	LC		
仓鼠科 **Cricetidae**					
34.福建绒鼠 *Eothenomys colurnus*		NE	NE		
35.东方田鼠 *Microtus fortis*		LC	LC		历史记录
鼹形鼠科 **Spalacidae**					
36.中华竹鼠 *Rhizomys sinensis*	三有	LC	LC		历史记录
鼠科 **Muridae**					
37.华南针毛鼠 *Niviventer huang*		LC	NE		
38.海南社鼠 *Niviventer lotipes*		LC	NE		
39.黑线姬鼠 *Apodemus agrarius*		LC	LC		
40.中华姬鼠 *Apodemus draco*		LC	LC		
41.小泡巨鼠 *Leopoldamys edwardsi*		LC	LC		
42.拉氏巨鼠 *Berylmys latouchei*			LC		
43.红耳巢鼠 *Micromys erythrotis*		LC	NE		
44.小家鼠 *Mus musculus*		LC	LC		
45.黄胸鼠 *Rattus tanezumi*		LC	LC		
46.褐家鼠 *Rattus norvegicus*		LC	LC		
47.黄毛鼠 *Rattus losea*		LC	LC		
48.大足鼠 *Rattus nitidus*		LC	LC		
刺山鼠科 **Platacanthomyidae**					
49.黄山猪尾鼠 *Typhlomys huangshanensis*	省重点	NE	NE		
豪猪科 **Hystricidae**					
50.马来豪猪 *Hystrix brachyura*	三有 省重点	LC	LC		

163

（续表）

物种	保护等级	CRLB	IUCN	CITES	备注
食肉目 Carnivora					
犬科 **Canidae**					
51.赤狐 *Vulpes vulpes*	国家二级	NT	LC	III	历史记录
52.貉 *Nyctereutes procyonoides*	国家二级	NT	LC		
53.豺 *Cuon alpinus*	国家一级	EN	EN	II	历史记录
54.狼 *Canis lupus*	国家二级	NT	LC	II	历史记录
鼬科 **Mustelidae**					
55.欧亚水獭 *Lutra lutra*	国家二级	EN	NT	I	历史记录
56.黄喉貂 *Martes flavigula*	国家二级	VU	LC	III	
57.亚洲狗獾 *Meles leucurus*	三有 省重点	NT	LC		
58.鼬獾 *Melogale moschata*	三有 省重点	NT	LC		
59.黄腹鼬 *Mustela kathiah*	三有 省重点	NT	LC	III	
60.黄鼬 *Mustela sibirica*	三有 省重点	LC	LC	III	
61.猪獾 *Arctonyx collaris*	三有 省重点	NT	VU		
灵猫科 **Viverridae**					
62.花面狸 *Paguma larvata*	三有 省重点	NT	LC	III	
63.大灵猫 *Viverra zibetha*	国家一级	CR	LC	III	历史记录
64.小灵猫 *Viverricula indica*	国家一级	NT	LC	III	历史记录
獴科 **Herpestidae**					
65.食蟹獴 *Herpestes urva*	三有 省重点	VU	LC	III	历史记录
猫科 **Felidae**					
66.豹猫 *Prionailurus bengalensis*	国家二级	VU	LC	II	
67.金猫 *Felis temminckii*	国家一级	EN	NT	I	历史记录
68.云豹 *Neofelis nebulosa*	国家一级	CR	VU	I	历史记录
69.豹 *Panthera pardus*	国家一级	EN	VU	II	历史记录
偶蹄目 Artiodactyla					
猪科 **Suidae**					
70.野猪 *Sus scrofa*		LC	LC		
鹿科 **Cervidae**					
71.毛冠鹿 *Elaphodus cephalophus*	国家二级	NT	NT		
72.黑麂 *Muntiacus crinifrons*	国家一级	EN	VU	I	
73.小麂 *Muntiacus reevesi*	三有	NT	LC		
74.华南梅花鹿 *Cervus pseudaxis*	国家一级	EN	LC		
牛科 **Bovidae**					
75.中华鬣羚 *Capricornis milneedwardsii*	国家二级	VU	VU	I	
76.中华斑羚 *Naemorhedus griseus*	国家二级	VU	VU		历史记录

附录 2 鸟纲 AVES（386 种，分属 19 目 74 科 225 属）

物种	保护等级	CRLB	IUCN	CITES	备注
鸡形目 Galliformes					
雉科 Phasianidae					
1.鹌鹑 *Coturnix japonica*	三有	LC	NT		
2.灰胸竹鸡 *Bambusicola thoracica*	三有	LC	LC		
3.勺鸡 *Pucrasia macrolopha*	国家二级	LC	LC		
4.白鹇 *Lophura nycthemera*	国家二级	LC	LC		
5.白颈长尾雉 *Syrmaticus ellioti*	国家一级	VU	NT	I	
6.环颈雉 *Phasianus colchicus*	三有	LC	LC		
雁形目 Anseriformes					
鸭科 Anatidae					
7.小天鹅 *Cygnus columbianus*	国家二级	NT	LC		
8.鸿雁 *Anser cygnoides*	国家二级	VU	VU		
9.豆雁 *Anser fabalis*	三有 省重点	LC	LC		
10.短嘴豆雁 *Anser serrirostris*	三有 省重点	LC	NE		
11.白额雁 *Anser albifrons*	国家二级	NT	LC		
12.小白额雁 *Anser erythropus*	国家二级	VU	VU		历史记录
13.灰雁 *Anser anser*	三有 省重点	LC	LC		
14.赤麻鸭 *Tadorna ferruginea*	三有 省重点	LC	LC		
15.翘鼻麻鸭 *Tadorna tadorna*	三有 省重点	LC	LC		历史记录
16.棉凫 *Nettapus coromandelianus*	国家二级	EN	LC		新记录
17.鸳鸯 *Aix galericulata*	国家二级	NT	LC		
18.赤颈鸭 *Mareca penelope*	三有 省重点	LC	LC		
19.罗纹鸭 *Mareca falcata*	三有 省重点	NT	NT		
20.赤膀鸭 *Mareca strepera*	三有 省重点	LC	LC		
21.花脸鸭 *Sibirionetta formosa*	国家二级	NT	LC	II	
22.绿翅鸭 *Anas crecca*	三有 省重点	LC	LC		
23.绿眉鸭 *Mareca americana*	三有 省重点	DD	LC		新记录
24.绿头鸭 *Anas platyrhynchos*	三有 省重点	LC	LC		
25.斑嘴鸭 *Anas zonorhyncha*	三有 省重点	LC	LC		

165

（续表）

物种	保护等级	CRLB	IUCN	CITES	备注
26.针尾鸭 *Anas acuta*	三有 省重点	LC	LC		
27.白眉鸭 *Spatula querquedula*	三有 省重点	LC	LC		
28.琵嘴鸭 *Spatula clypeata*	三有 省重点	LC	LC		
29.红头潜鸭 *Aythya ferina*	三有 省重点	LC	VU		
30.青头潜鸭 *Aythya baeri*	国家一级	CR	CR		历史记录
31.白眼潜鸭 *Aythya nyroca*	三有 省重点	NT	NT		新记录
32.凤头潜鸭 *Aythya fuligula*	三有 省重点	LC	LC		
33.斑脸海番鸭 *Melanitta fusca*	三有 省重点	NT	NT		历史记录
34.斑头秋沙鸭 *Mergellus albellus*	国家二级	NT	LC		新记录
35.红胸秋沙鸭 *Mergus serrator*	三有 省重点	LC	LC		新记录
36.普通秋沙鸭 *Mergus merganser*	三有 省重点	LC	LC		
37.中华秋沙鸭 *Mergus squamatus*	国家一级	EN	EN		
鹱形目 Procellariiformes					
鹱科 Procellariidae					
38.白额鹱 *Calonectris leucomelas*	三有 省重点	DD	NT		新记录
䴙䴘目 Podicipediformes					
䴙䴘科 Podicipedidae					
39.小䴙䴘 *Tachybaptus ruficollis*	三有	LC	LC		
40.凤头䴙䴘 *Podiceps cristatus*	三有	LC	LC		
41.黑颈䴙䴘 *Podiceps nigricollis*	国家二级	NT	LC		新记录
鸽形目 Columbiformes					
鸠鸽科 Columbidae					
42.山斑鸠 *Streptopelia orientalis*	三有	LC	LC		
43.火斑鸠 *Streptopelia tranquebarica*	三有	LC	LC		历史记录
44.珠颈斑鸠 *Streptopelia chinensis*	三有	LC	LC		
45.斑尾鹃鸠 *Macropygia unchall*	国家二级	NT	LC		新记录
夜鹰目 Caprimulgiformes					
夜鹰科 Caprimulgidae					
46.普通夜鹰 *Caprimulgus indicus*	三有	LC	LC		
雨燕科 Apodidae					
47.白喉针尾雨燕 *Hirundapus caudacutus*	三有	LC	LC		历史记录
48.白腰雨燕 *Apus pacificus*	三有	LC	LC		
49.小白腰雨燕 *Apus nipalensis*	三有	LC	LC		

（续表）

物种	保护等级	CRLB	IUCN	CITES	备注
50.短嘴金丝燕 *Aerodramus brevirostris*	三有 省重点	NT	LC		新记录
鹃形目 Cuculiformes					
杜鹃科 Cuculidae					
51.红翅凤头鹃 *Clamator coromandus*	三有	LC	LC		
52.大鹰鹃 *Hierococcyx sparverioides*	三有	LC	LC		
53.四声杜鹃 *Cuculus micropterus*	三有	LC	LC		
54.大杜鹃 *Cuculus canorus*	三有	LC	LC		
55.中杜鹃 *Cuculus saturatus*	三有	LC	LC		
56.小杜鹃 *Cuculus poliocephalus*	三有	LC	LC		
57.八声杜鹃 *Cacomantis merulinus*	三有	LC	LC		
58.噪鹃 *Eudynamys scolopaceus*	三有	LC	LC		
59.褐翅鸦鹃 *Centropus sinensis*	国家二级	LC	LC		历史记录
60.小鸦鹃 *Centropus bengalensis*	国家二级	LC	LC		历史记录
鹤形目 Gruiformes					
秧鸡科 Rallidae					
61.白喉斑秧鸡 *Rallina eurizonoides*	三有 省重点	VU	LC		
62.普通秧鸡 *Rallus indicus*	三有	LC	LC		
63.白胸苦恶鸟 *Amaurornis phoenicurus*	三有	LC	LC		
64.红脚田鸡 *Zapornia akool*	三有	LC	LC		
65.小田鸡 *Zapornia pusilla*	三有	LC	LC		新记录
66.西秧鸡 *Rallus aquaticus*	三有	LC	LC		新记录
67.董鸡 *Gallicrex cinerea*	三有 省重点	NT	LC		历史记录
68.黑水鸡 *Gallinula chloropus*	三有	LC	LC		
69.白骨顶 *Fulica atra*	三有	LC	LC		
鹤科 Gruidae					
70.白鹤 *Grus leucogeranus*	国家一级	CR	CR	I	
71.白枕鹤 *Grus vipio*	国家一级	EN	VU	I	历史记录
72.灰鹤 *Grus grus*	国家二级	NT	LC	II	历史记录
73.白头鹤 *Grus monacha*	国家一级	EN	VU	I	
鸻形目 Charadriiformes					
反嘴鹬科 Recurvirostridae					
74.黑翅长脚鹬 *Himantopus himantopus*	三有	LC	LC		历史记录
75.反嘴鹬 *Recurvirostra avosetta*	三有	LC	LC		
鸻科 Charadriidae					
76.凤头麦鸡 *Vanellus vanellus*	三有 省重点	LC	NT		
77.灰头麦鸡 *Vanellus cinereus*	三有	LC	LC		
78.金鸻 *Pluvialis fulva*	三有	LC	LC		
79.灰鸻 *Pluvialis squatarola*	三有	LC	LC		

（续表）

物种	保护等级	CRLB	IUCN	CITES	备注
80.长嘴剑鸻 *Charadrius placidus*	三有 省重点	NT	LC		
81.金眶鸻 *Charadrius dubius*	三有	LC	LC		
82.环颈鸻 *Charadrius alexandrinus*	三有	LC	LC		
83.蒙古沙鸻 *Charadrius mongolus*	三有	LC	LC		新记录
84.铁嘴沙鸻 *Charadrius leschenaultii*	三有	LC	LC		
85.东方鸻 *Charadrius veredus*	三有	LC	LC		
彩鹬科 Rostratulidae					
86.彩鹬 *Rostratula benghalensis*	三有	LC	LC		
水雉科 Jacanidae					
87.水雉	国家二级	NT	LC		
鹬科 Scolopacidae					
88.丘鹬 *Scolopax rusticola*	三有	LC	LC		
89.扇尾沙锥 *Gallinago gallinago*	三有	LC	LC		
90.半蹼鹬 *Limnodromus semipalmatus*	国家二级	NT	NT		
91.黑尾塍鹬 *Limosa limosa*	三有 省重点	LC	NT		历史记录
92.小杓鹬 *Numenius minutus*	国家二级	NT	LC		
93.中杓鹬 *Numenius phaeopus*	三有	LC	LC		
94.白腰杓鹬 *Numenius arquata*	国家二级	NT	NT		历史记录
95.大杓鹬 *Numenius madagascariensis*	国家二级	VU	EN		
96.鹤鹬 *Tringa erythropus*	三有	LC	LC		
97.红脚鹬 *Tringa totanus*	三有	LC	LC		
98.泽鹬 *Tringa stagnatilis*	三有	LC	LC		
99.青脚鹬 *Tringa nebularia*	三有	LC	LC		
100.白腰草鹬 *Tringa ochropus*	三有	LC	LC		
101.林鹬 *Tringa glareola*	三有	LC	LC		
102.灰尾漂鹬 *Tringa brevipes*	三有 省重点	LC	NT		历史记录
103.翘嘴鹬 *Xenus cinereus*	三有	LC	LC		新记录
104.矶鹬 *Actitis hypoleucos*	三有	LC	LC		
105.翻石鹬 *Arenaria interpres*	国家二级	NT	LC		新记录
106.大滨鹬 *Calidris tenuirostris*	国家二级	EN	EN		
107.红腹滨鹬 *Calidris canutus*	三有 省重点	VU	NT		新记录
108.红颈滨鹬 *Calidris ruficollis*	三有 省重点	LC	NT		
109.青脚滨鹬 *Calidris temminckii*	三有	LC	LC		
110.长趾滨鹬 *Calidris subminuta*	三有	LC	LC		
111.尖尾滨鹬 *Calidris acuminata*	三有	LC	VU		
112.弯嘴滨鹬 *Calidris ferruginea*	三有 省重点	NT	NT		历史记录
113.黑腹滨鹬 *Calidris alpina*	三有	LC	LC		

（续表）

物种	保护等级	CRLB	IUCN	CITES	备注
114.红颈瓣蹼鹬 *Phalaropus lobatus*	三有	LC	LC		新记录
三趾鹑科 Turnicidae					
115.黄脚三趾鹑 *Turnix tanki*	三有	LC	LC		历史记录
鸥科 Laridae					
116.黑尾鸥 *Larus crassirostris*	三有 省重点	LC	LC		新记录
117.西伯利亚银鸥 *Larus smithsonianus*	三有	LC	LC		
118.渔鸥 *Ichthyaetus ichthyaetus*	三有	LC	LC		新记录
119.红嘴鸥 *Chroicocephalus ridibundus*	三有	LC	LC		
120.黑嘴鸥 *Saundersilarus saundersi*	国家一级	VU	VU		
121.三趾鸥 *Rissa tridactyla*	三有 省重点	LC	VU		历史记录
122.鸥嘴噪鸥 *Gelochelidon nilotica*	三有	LC	LC		新记录
123.红嘴巨燕鸥 *Hydroprogne caspia*	三有	LC	LC		历史记录
124.普通燕鸥 *Sterna hirundo*	三有 省重点	LC	LC		
125.白额燕鸥 *Sternula albifrons*	三有 省重点	LC	LC		
126.灰翅浮鸥 *Chlidonias hybrida*	三有 省重点	LC	LC		
127.白翅浮鸥 *Chlidonias leucopterus*	三有 省重点	LC	LC		
鹳形目 Ciconiiformes					
鹳科 Ciconiidae					
128.东方白鹳 *Ciconia boyciana*	国家一级	EN	EN	I	
鲣鸟目 Suliformes					
鸬鹚科 Phalacrocoracidae					
129.普通鸬鹚 *Phalacrocorax carbo*	三有	LC	LC		
鹈形目 Pelecaniformes					
鹮科 Threskiornithidae					
130.白琵鹭 *Platalea leucorodia*	国家二级	NT	LC	II	
131.黑脸琵鹭 *Platalea minor*	国家一级	EN	EN		
鹭科 Ardeidae					
132.苍鹭 *Ardea cinerea*	三有	LC	LC		
133.草鹭 *Ardea purpurea*	三有	LC	LC		历史记录
134.大白鹭 *Ardea alba*	三有	LC	LC		
135.中白鹭 *Ardea intermedia*	三有	LC	LC		
136.白鹭 *Egretta garzetta*	三有	LC	LC		
137.牛背鹭 *Bubulcus ibis*	三有	LC	LC		
138.池鹭 *Ardeola bacchus*	三有	LC	LC		
139.绿鹭 *Butorides striata*	三有	LC	LC		
140.夜鹭 *Nycticorax nycticorax*	三有	LC	LC		
141.黄嘴白鹭 *Egretta eulophotes*	国家一级	EN	VU		新记录

（续表）

物种	保护等级	CRLB	IUCN	CITES	备注
142.海南鳽 *Gorsachius magnificus*	国家一级	EN	EN		历史记录
143.黄斑苇鳽 *Ixobrychus sinensis*	三有	LC	LC		历史记录
144.紫背苇鳽 *Ixobrychus eurhythmus*	三有	LC	LC		历史记录
145.黑苇鳽 *Dupetor flavicollis*	三有	LC	LC		历史记录
146.大麻鳽 *Botaurus stellaris*	三有	LC	LC		
鹈鹕科 Pelecanidae					
147.卷羽鹈鹕 *Pelecanus crispus*	国家一级	EN	NT	I	历史记录
鹰形目 Accipitriformes					
鹗科 Pandionidae					
148.鹗 *Pandion haliaetus*	国家二级	NT	LC		
鹰科 Accipitridae					
149.黑冠鹃隼 *Aviceda leuphotes*	国家二级	NT	LC	II	
150.凤头蜂鹰 *Pernis ptilorhynchus*	国家二级	NT	LC	II	
151.黑翅鸢 *Elanus caeruleus*	国家二级	NT	LC	II	
152.黑鸢 *Milvus migrans*	国家二级	LC	LC	II	
153.秃鹫 *Aegypius monachus*	国家一级	VU	NT	II	历史记录
154.蛇雕 *Spilornis cheela*	国家二级	NT	LC	II	
155.白腹鹞 *Circus spilonotus*	国家二级	NT	LC	II	历史记录
156.白尾鹞 *Circus cyaneus*	国家二级	NT	LC	II	
157.鹊鹞 *Circus melanoleucos*	国家二级	NT	LC	II	历史记录
158.凤头鹰 *Accipiter trivirgatus*	国家二级	NT	LC	II	
159.赤腹鹰 *Accipiter soloensis*	国家二级	LC	LC	II	
160.日本松雀鹰 *Accipiter gularis*	国家二级	LC	LC	II	
161.松雀鹰 *Accipiter virgatus*	国家二级	LC	LC	II	
162.雀鹰 *Accipiter nisus*	国家二级	LC	LC	II	
163.苍鹰 *Accipiter gentilis*	国家二级	NT	LC	II	
164.灰脸𫛭鹰 *Butastur indicus*	国家二级	NT	LC	II	
165.普通𫛭 *Buteo japonicus*	国家二级	LC	LC	II	
166.林雕 *Ictinaetus malaiensis*	国家二级	NT	LC	II	
167.乌雕 *Clanga clanga*	国家一级	EN	VU	II	历史记录
168.白腹隼雕 *Aquila fasciata*	国家二级	VU	LC	II	
169.鹰雕 *Nisaetus nipalensis*	国家二级	NT	NT	II	
鸮形目 Strigiforme					
鸱鸮科 Strigidae					
170.领角鸮 *Otus lettia*	国家二级	LC	LC	II	
171.北领角鸮 *Otus semitorques*	国家二级	LC	LC	II	历史记录
172.红角鸮 *Otus sunia*	国家二级	LC	LC	II	
173.雕鸮 *Bubo bubo*	国家二级	NT	LC	II	
174.黄腿渔鸮 *Ketupa flavipes*	国家二级	EN	LC	II	历史记录
175.褐林鸮 *Strix leptogrammica*	国家二级	NT	LC	II	
176.领鸺鹠 *Glaucidium brodiei*	国家二级	LC	LC	II	

（续表）

物种	保护等级	CRLB	IUCN	CITES	备注
177.斑头鸺鹠 *Glaucidium cuculoides*	国家二级	LC	LC	II	
178.日本鹰鸮 *Ninox japonica*	国家二级	DD	LC	II	历史记录
179.长耳鸮 *Asio otus*	国家二级	LC	LC	II	历史记录
180.短耳鸮 *Asio flammeus*	国家二级	NT	LC	II	历史记录
草鸮科 Tyonidae					
181.草鸮 *Tyto longimembris*	国家二级	NT	LC	II	历史记录
犀鸟目 Bucerotiformes					
戴胜科 Upupidae					
182.戴胜 *Upupa epops*	三有	LC	LC		
佛法僧目 Coraciiformes					
佛法僧科 Coraciidae					
183.三宝鸟 *Eurystomus orientalis*	三有 省重点	LC	LC		
翠鸟科 Alcedinidae					
184.普通翠鸟 *Alcedo atthis*	三有	LC	LC		
185.白胸翡翠 *Halcyon smyrnensis*	国家二级	LC	LC		历史记录
186.蓝翡翠 *Halcyon pileata*	三有 省重点	LC	VU		
187.冠鱼狗 *Megaceryle lugubris*	三有	NT	LC		
188.斑鱼狗 *Ceryle rudis*	三有	LC	LC		
啄木鸟目 Picformes					
拟啄木鸟科 Capitonidae					
189.大拟啄木鸟 *Psilopogon virens*	三有	LC	LC		
190.黑眉拟啄木鸟 *Psilopogon faber*	三有	LC	LC		
啄木鸟科 Picidae					
191.蚁䴕 *Jynx torquilla*	三有	LC	LC		历史记录
192.斑姬啄木鸟 *Picumnus innominatus*	三有	LC	LC		
193.星头啄木鸟 *Dendrocopos canicapillus*	三有	LC	LC		
194.大斑啄木鸟 *Dendrocopos major*	三有	LC	LC		
195.灰头绿啄木鸟 *Picus canus*	三有	LC	LC		
196.黄嘴栗啄木鸟 *Blythipicus pyrrhotis*	三有	LC	LC		
197.棕腹啄木鸟 *Dendrocopos hyperythrus*	三有	LC	LC		历史记录
隼形目 Falconiformes					
隼科 Falconidae					
198.红隼 *Falco tinnunculus*	国家二级	LC	LC	II	
199.红脚隼 *Falco amurensis*	国家二级	NT	LC	II	历史记录
200.燕隼 *Falco subbuteo*	国家二级	LC	LC	II	
201.游隼 *Falco peregrinus*	国家二级	NT	LC	I	
雀形目 Passeriformes					
八色鸫科 Pittdae					
202.仙八色鸫 *Pitta nympha*	国家二级	VU	VU	II	
黄鹂科 Oriolidae					

（续表）

物种	保护等级	CRLB	IUCN	CITES	备注
203.黑枕黄鹂 Oriolus chinensis	三有 省重点	LC	LC		
莺雀科 Vireondiae					
204.淡绿鸡鹛 Pteruthius xanthochlorus	三有	NT	LC		
山椒鸟科 Campephagidae					
205.大鹃鵙 Coracina macei	三有	LC	LC		新记录
206.暗灰鹃鵙 Lalage melaschistos	三有	LC	LC		历史记录
207.小灰山椒鸟 Pericrocotus cantonensis	三有	LC	LC		
208.灰山椒鸟 Pericrocotus divaricatus	三有	LC	LC		历史记录
209.灰喉山椒鸟 Pericrocotus solaris	三有	LC	LC		
卷尾科 Dicruridae					
210.黑卷尾 Dicrurus macrocercus	三有	LC	LC		
211.灰卷尾 Dicrurus leucophaeus	三有	LC	LC		历史记录
212.发冠卷尾 Dicrurus hottentottus	三有	LC	LC		
王鹟科 Monarchidae					
213.寿带 Terpsiphone incei	三有 省重点	NT	LC		历史记录
玉鹟科 Stenosttiridae					
214.方尾鹟 Culicicapa ceylonensis	三有	LC	LC		
伯劳科 Laniidae					
215.虎纹伯劳 Lanius tigrinus	三有	LC	LC		历史记录
216.牛头伯劳 Lanius bucephalus	三有	LC	LC		
217.红尾伯劳 Lanius cristatus	三有	LC	LC		
218.棕背伯劳 Lanius schach	三有	LC	LC		
219.楔尾伯劳 Lanius sphenocercus	三有	LC	LC		
鸦科 Corvidae					
220.松鸦 Garrulus glandarius	三有	LC	LC		
221.灰喜鹊 Cyanopica cyanus	三有	LC	LC		历史记录
222.红嘴蓝鹊 Urocissa erythroryncha	三有	LC	LC		
223.灰树鹊 Dendrocitta formosae	三有	LC	LC		
224.喜鹊 Pica pica	三有	LC	LC		
225.达乌里寒鸦 Corvus dauuricus	三有	LC	LC		历史记录
226.秃鼻乌鸦 Corvus frugilegus	三有	LC	LC		
227.小嘴乌鸦 Corvus corone		LC	LC		新记录
228.大嘴乌鸦 Corvus macrorhynchos		LC	LC		
229.白颈鸦 Corvus pectoralis	三有 省重点	NT	VU		
山雀科 Paridae					
230.煤山雀 Periparus ater	三有	LC	LC		
231.黄腹山雀 Pardaliparus venustulus	三有	LC	LC		
232.大山雀 Parus cinereus	三有	LC	LC		
攀雀科 Remizidae					

（续表）

物种	保护等级	CRLB	IUCN	CITES	备注
233.中华攀雀 *Remiz consobrinus*	三有	LC	LC		历史记录
百灵科 Alaudidae					
234.大短趾百灵 *Calandrella brachydactyla*	三有	LC	LC		新记录
235.云雀 *Alauda arvensis*	国家二级	LC	LC		
236.小云雀 *Alauda gulgula*	三有	LC	LC		
扇尾莺科 Cisticolidae					
237.棕扇尾莺 *Cisticola juncidis*	三有	LC	LC		
238.纯色山鹪莺 *Prinia inornata*	三有	LC	LC		
苇莺科 Acrocephalidae					
239.黑眉苇莺 *Acrocephalus bistrigiceps*	三有	LC	LC		
240.东方大苇莺 *Acrocephalus orientalis*	三有	LC	LC		
241.厚嘴苇莺 *Arundinax aedon*	三有	LC	LC		历史记录
242.远东苇莺 *Acrocephalus tangorum*	三有	VU	VU		新记录
鳞胸鹪鹛科 Pnoepygidae					
243.小鳞胸鹪鹛 *Pnoepyga pusilla*	三有	LC	LC		
蝗莺科 Locustellidae					
244.棕褐短翅蝗莺 *Locustella luteoventris*	三有	LC	LC		历史记录
245.矛斑蝗莺 *Locustella lanceolata*	三有 省重点	NT	LC		
246.小蝗莺 *Locustella certhiola*	三有	DD	LC		新记录
燕科 Hirundinidae					
247.淡色崖沙燕 *Riparia diluta*	三有	LC	LC		
248.家燕 *Hirundo rustica*	三有	LC	LC		
249.金腰燕 *Cecropis daurica*	三有	LC	LC		
250.毛脚燕 *Delichon urbicum*	三有	LC	LC		新记录
251.烟腹毛脚燕 *Delichon dasypus*	三有	LC	LC		
鹎科 Pycnonntidae					
252.领雀嘴鹎 *Spizixos semitorques*	三有	LC	LC		
253.黄臀鹎 *Pycnonotus xanthorrhous*	三有	LC	LC		
254.白头鹎 *Pycnonotus sinensis*	三有	LC	LC		
255.栗背短脚鹎 *Hemixos castanonotus*	三有	LC	LC		
256.绿翅短脚鹎 *Ixos mcclellandii*	三有	LC	LC		
257.黑短脚鹎 *Hypsipetes leucocephalus*	三有	LC	LC		
柳莺科 Phylloscopidae					
258.褐柳莺 *Phylloscopus fuscatus*	三有	LC	LC		
259.棕腹柳莺 *Phylloscopus subaffinis*	三有	LC	LC		
260.巨嘴柳莺 *Phylloscopus schwarzi*	三有	LC	LC		
261.黄腰柳莺 *Phylloscopus proregulus*	三有	LC	LC		
262.黄眉柳莺 *Phylloscopus inornatus*	三有	LC	LC		
263.极北柳莺 *Phylloscopus borealis*	三有	LC	LC		
264.淡脚柳莺 *Phylloscopus tenellipes*	三有	LC	LC		
265.冕柳莺 *Phylloscopus coronatus*	三有	LC	LC		

（续表）

物种	保护等级	CRLB	IUCN	CITES	备注
266.华南冠纹柳莺 *Phylloscopus goodsoni*	三有	LC	LC		
267.黑眉柳莺 *Phylloscopus ricketti*	三有	LC	LC		
268.栗头鹟莺 *Seicercus castaniceps*	三有	LC	LC		
269.灰冠鹟莺 *Seicercus tephrocephalus*	三有	LC	LC		
270.淡尾鹟莺 *Seicercus soror*	三有	LC	LC		
271.云南柳莺 *Phylloscopus yunnanensis*	三有	LC	LC		新记录
272.乌嘴柳莺 *Phylloscopus magnirostris*	三有	LC	LC		新记录
树莺科 **Cettiidae**					
273.鳞头树莺 *Urosphena squameiceps*	三有	LC	LC		
274.远东树莺 *Horornis canturians*	三有	VU	LC		
275.强脚树莺 *Horornis fortipes*	三有	LC	LC		
276.棕脸鹟莺 *Abroscopus albogularis*	三有	LC	LC		
长尾山雀科 **Aegithalidae**					
277.银喉长尾山雀 *Aegithalos glaucogularis*	三有	LC	LC		
278.红头长尾山雀 *Aegithalos concinnus*	三有	LC	LC		
鸦雀科 **Paradoxornithidae**					
279.灰头鸦雀 *Psittiparus gularis*	三有	LC	LC		
280.点胸鸦雀 *Paradoxornis guttaticollis*	三有	LC	LC		
281.棕头鸦雀 *Sinosuthora webbiana*	三有	LC	LC		
282.短尾鸦雀 *Neosuthora davidiana*	国家二级	NT	LC		
绣眼鸟科 **Zosteropidae**					
283.暗绿绣眼鸟 *Zosterops japonicus*	三有	LC	LC		
284.栗颈凤鹛 *Staphida torqueola*	三有	LC	LC		
林鹛科 **Timaliidae**					
285.华南斑胸钩嘴鹛 *Erythrogenys swinhoei*	三有	LC	LC		
286.棕颈钩嘴鹛 *Pomatorhinus ruficollis*	三有	LC	LC		
287.红头穗鹛 *Cyanoderma ruficeps*	三有	LC	LC		
雀鹛科 **Alcippeidae**					
288. 淡眉雀鹛 *Alcippe hueti*	三有	LC	LC		
噪鹛科 **Leiothrichidae**					
289.黑脸噪鹛 *Garrulax perspicillatus*	三有	LC	LC		
290.小黑领噪鹛 *Garrulax monileger*	三有	LC	LC		
291.黑领噪鹛 *Garrulax pectoralis*	三有	LC	LC		
292.灰翅噪鹛 *Garrulax cineraceus*	三有	LC	LC		
293.棕噪鹛 *Garrulax poecilorhynchus*	国家二级	LC	LC		
294.画眉 *Garrulax canorus*	国家二级	NT	LC	II	
295.白颊噪鹛 *Garrulax sannio*	三有	LC	LC		
296.红嘴相思鸟 *Leiothrix lutea*	国家二级	LC	LC	II	
鹪鹩科 **Troglodytidae**					
297.鹪鹩 *Troglodytes troglodytes*	三有	LC	LC		历史记录
河乌科 **Cinclidae**					

（续表）

物种	保护等级	CRLB	IUCN	CITES	备注
298.褐河乌 *Cinclus pallasii*	三有	LC	LC		
椋鸟科 **Sturnidae**					
299.八哥 *Acridotheres cristatellus*	三有	LC	LC		
300.黑领椋鸟 *Gracupica nigricollis*	三有	LC	LC		
301.北椋鸟 *Agropsar sturninus*	三有	LC	LC		历史记录
302.灰背椋鸟 *Sturnia sinensis*	三有	LC	LC		
303.丝光椋鸟 *Spodiopsar sericeus*	三有	LC	LC		
304.灰椋鸟 *Spodiopsar cineraceus*	三有	LC	LC		
鸫科 **Turdidae**					
305.橙头地鸫 *Geokichla citrina*	三有	LC	LC		
306.白眉地鸫 *Geokichla sibirica*	三有	LC	LC		
307.虎斑地鸫 *Zoothera aurea*	三有	LC	LC		
308.灰背鸫 *Turdus hortulorum*	三有	LC	LC		
309.乌灰鸫 *Turdus cardis*	三有	LC	LC		
310.乌鸫 *Turdus mandarinus*	三有	LC	LC		
311.白眉鸫 *Turdus obscurus*	三有	LC	LC		
312.白腹鸫 *Turdus pallidus*	三有	LC	LC		
313.红尾斑鸫 *Turdus naumanni*	三有	LC	LC		
314.斑鸫 *Turdus eunomus*	三有	LC	LC		
315.宝兴歌鸫 *Turdus mupinensis*	三有	NT	LC		历史记录
鹟科 **Muscicapidae**					
316.红尾歌鸲 *Larvivora sibilans*	三有	LC	LC		
317.北红尾鸲 *Phoenicurus auroreus*	三有	LC	LC		
318.红尾水鸲 *Rhyacornis fuliginosa*	三有	LC	LC		
319.红喉歌鸲 *Calliope calliope*	国家二级	LC	LC		
320.蓝喉歌鸲 *Luscinia svecica*	国家二级	LC	LC		
321.蓝歌鸲 *Larvivora cyane*	三有	LC	LC		
322.红胁蓝尾鸲 *Tarsiger cyanurus*	三有	LC	LC		
323.鹊鸲 *Copsychus saularis*	三有	LC	LC		
324.白顶溪鸲 *Chaimarrornis leucocephalus*	三有	LC	LC		历史记录
325.小燕尾 *Enicurus scouleri*	三有	LC	LC		
326.白额燕尾 *Enicurus leschenaulti*	三有	LC	LC		
327.东亚石䳭 *Saxicola stejnegeri*	三有	LC	LC		
328.灰林䳭 *Saxicola ferreus*	三有	LC	LC		
329.白喉矶鸫 *Monticola gularis*	三有	LC	LC		历史记录
330.栗腹矶鸫 *Monticola rufiventris*	三有	LC	LC		
331.蓝矶鸫 *Monticola solitarius*	三有	LC	LC		
332.紫啸鸫 *Myophonus caeruleus*	三有	LC	LC		
333.白喉林鹟 *Cyornis brunneatus*	国家二级	VU	VU		
334.灰纹鹟 *Muscicapa griseisticta*	三有	LC	LC		
335.乌鹟 *Muscicapa sibirica*	三有	LC	LC		

（续表）

物种	保护等级	CRLB	IUCN	CITES	备注
336.北灰鹟 Muscicapa dauurica	三有	LC	LC		
337.白眉姬鹟 Ficedula zanthopygia	三有	LC	LC		
338.鸲姬鹟 Ficedula mugimaki	三有	LC	LC		
339.红喉姬鹟 Ficedula albicilla	三有	LC	LC		历史记录
340.白腹蓝鹟 Cyanoptila cyanomelana	三有	LC	LC		
341.铜蓝鹟 Eumyias thalassinus	三有	LC	LC		
戴菊科 Regulidae					
342.戴菊 Regulus regulus	三有	LC	LC		历史记录
太平鸟科 Bombycillidae					
343.太平鸟 Bombycilla garrulus	三有	LC	LC		历史记录
344.小太平鸟 Bombycilla japonica	三有	LC	NT		历史记录
丽星鹩鹛科 Elachuridae					
345.丽星鹩鹛 Elachura formosa	三有 省重点	NT	LC		
叶鹎科 Chloropseidae					
346.橙腹叶鹎 Chloropsis hardwickii	三有	LC	LC		
花蜜鸟科 Nectariniidae					
347.叉尾太阳鸟 Aethopyga christinae	三有	LC	LC		
梅花雀科 Estrildidae					
348.白腰文鸟 Lonchura striata	三有	LC	LC		
349.斑文鸟 Lonchura punctulata	三有	LC	LC		
雀科 Passeridae					
350.山麻雀 Passer cinnamomeus	三有	LC	LC		
351.麻雀 Passer montanus	三有	LC	LC		
鹡鸰科 Motacillidae					
352.山鹡鸰 Dendronanthus indicus	三有	LC	LC		
353.白鹡鸰 Motacilla alba	三有	LC	LC		
354.黄头鹡鸰 Motacilla citreola	三有 省重点	LC	LC		
355.黄鹡鸰 Motacilla tschutschensis	三有	LC	LC		
356.灰鹡鸰 Motacilla cinerea	三有	LC	LC		
357.田鹨 Anthus richardi	三有	LC	LC		
358.树鹨 Anthus hodgsoni	三有	LC	LC		
359.北鹨 Anthus gustavi	三有	LC	LC		
360.红喉鹨 Anthus cervinus	三有	LC	LC		历史记录
361.水鹨 Anthus spinoletta	三有	LC	LC		
362.黄腹鹨 Anthus rubescens	三有	LC	LC		
燕雀科 Fringillidae					
363.燕雀 Fringilla montifringilla	三有	LC	LC		
364.普通朱雀 Carpodacus erythrinus	三有	LC	LC		新记录
365.黄雀 Spinus spinus	三有	NT	LC		
366.金翅雀 Chloris sinica	三有	LC	LC		

（续表）

物种	保护等级	CRLB	IUCN	CITES	备注
367.锡嘴雀 *Coccothraustes coccothraustes*	三有	LC	LC		历史记录
368.黑尾蜡嘴雀 *Eophona migratoria*	三有	LC	LC		
369.黑头蜡嘴雀 *Eophona personata*	三有	NT	LC		历史记录
370.红交嘴雀 *Loxia curvirostra*	国家二级	无危(LC)	无危(LC)		新记录
铁爪鹀科 **Calcariidae**					
371.铁爪鹀 *Calcarius lapponicus*	三有	LC	LC		新记录
鹀科 **Emberizidae**					
372.凤头鹀 *Melophus lathami*	三有	LC	LC		
373.蓝鹀 *Emberiza siemsseni*	国家二级	NT	LC		
374.三道眉草鹀 *Emberiza cioides*	三有	LC	LC		
375.红颈苇鹀 *Emberiza yessoensis*	三有 省重点	NT	NT		新记录
376.白眉鹀 *Emberiza tristrami*	三有	LC	LC		
377.栗耳鹀 *Emberiza fucata*	三有	LC	LC		
378.小鹀 *Emberiza pusilla*	三有	LC	LC		
379.黄眉鹀 *Emberiza chrysophrys*	三有	LC	LC		
380.田鹀 *Emberiza rustica*	三有	LC	VU		
381.黄喉鹀 *Emberiza elegans*	三有	LC	LC		
382.黄胸鹀 *Emberiza aureola*	国家一级	CR	CR		
383.栗鹀 *Emberiza rutila*	三有	LC	LC		
384.灰头鹀 *Emberiza spodocephala*	三有	LC	LC		
385.苇鹀 *Emberiza pallasi*	三有	LC	LC		新记录
386.芦鹀 *Emberiza schoeniclus*	三有	LC	LC		新记录

附录 3 爬行纲 REPTILIA (58 种，分属 2 目 18 科 43 属)

物种	保护等级	CRLB	IUCN	CITES	备注
龟鳖目 Testudines					
鳖科 Trionychidae					
1.中华鳖 *Pelodiscus sinensis*		EN	VU		
平胸龟科 Platysternidae					
2.平胸龟 *Platysternon megacephalum*	国家二级	CR	EN	I	历史记录
地龟科 Geoemydidae					
3.乌龟 *Mauremys reevesii*	国家二级	EN	EN	III	
4.黄缘闭壳龟 *Cuora flavomarginata*	国家二级	CR	EN	II	历史记录
有鳞目 Squamata					
壁虎科 Gekkonidae					
5.铅山壁虎 *Gekko hokouensis*	三有	LC	LC		
6.多疣壁虎 *Gekko japonicus*	三有	LC	LC		
石龙子科 Scincidae					
7.铜蜓蜥 *Sphenomorphus indicus*	三有	LC	LC		
8.股鳞蜓蜥 *Sphenomorphus incognitus*	三有	LC	LC		新记录
9.中国石龙子 *Plestiodon chinensis*	三有	LC	LC		
10.蓝尾石龙子 *Plestiodon elegans*	三有	LC	LC		
11.宁波滑蜥 *Scincella modesta*	三有 省重点	LC	LC		
蜥蜴科 Lacertidae					
12.北草蜥 *Takydromus septentrionalis*	三有	LC	LC		
13.古氏草蜥 *Takydromus kuehnei*	三有	LC	LC		新记录
蛇蜥科 Anguidae					
14.脆蛇蜥 *Dopasia harti*	国家二级	EN	LC		
盲蛇科 Typhlopidae					
15.钩盲蛇 *Indotyphlops braminus*	三有	LC	LC		历史记录
闪皮蛇科 Xenodermidae					
16.黑脊蛇 *Achalinus spinalis*	三有	LC	LC		
钝头蛇科 Pareidae					
17.平鳞钝头蛇 *Pareas boulengeri*	三有	LC	LC		新记录
蝰科 Viperidae					
18.白头蝰 *Azemiops kharini*	三有 省重点	VU	LC		
19.原矛头蝮 *Protobothrops mucrosquamatus*	三有	LC	LC		
20.尖吻蝮 *Deinagkistrodon acutus*	三有 省重点	VU	VU		
21.台湾烙铁头蛇 *Ovophis makazayazaya*	三有	NT	LC		
22.福建竹叶青蛇 *Viridovipera stejnegeri*	三有	LC	LC		
23.短尾蝮 *Gloydius brevicaudus*	三有	NT	LC		
水蛇科 Homalopsidae					

（续表）

物种	保护等级	CRLB	IUCN	CITES	备注
24.中国水蛇 *Myrrophis chinensis*		VU	LC		
眼镜蛇科 Elapidae					
25.银环蛇 *Bungarus multicinctus*	三有	VU	VU		
26.舟山眼镜蛇 *Naja atra*	三有 省重点	VU	VU	II	
27.福建华珊瑚蛇 *Sinomicrurus kelloggi*	三有 省重点	VU	LC		
28.环纹华珊瑚蛇 *Sinomicrurus macclellandi*	三有 省重点	LC	LC		
游蛇科 Colubridae					
29.绞花林蛇 *Boiga kraepelini*	三有	LC	LC		
30.中国小头蛇 *Oligodon chinensis*	三有	LC	LC		
31.饰纹小头蛇 *Oligodon ornatus*	三有	NT	LC		历史记录
32.翠青蛇 *Cyclophiops major*	三有	LC	LC		
33.乌梢蛇 *Ptyas dhumnades*	三有	VU	LC		
34.灰鼠蛇 *Ptyas korros*	三有	NT	NT		历史记录
35.滑鼠蛇 *Ptyas mucosa*	三有 省重点	EN	LC	II	历史记录
36.灰腹绿锦蛇 *Gonyosoma frenatum*	三有 省重点	LC	LC		
37.黄链蛇 *Lycodon flavozonatus*	三有	LC	LC		
38.刘氏链蛇 *Lycodon liuchengchaoi*	三有	LC	LC		
39.黑背链蛇 *Lycodon ruhstrati*	三有	LC	LC		
40.赤链蛇 *Lycodon rufozonatus*	三有	LC	LC		
41.玉斑锦蛇 *Euprepiophis mandarinus*	三有 省重点	NT	LC		
42.紫灰锦蛇 *Oreocryptophis porphyraceus*	三有 省重点	LC	LC		
43.双斑锦蛇 *Elaphe bimaculate*	三有	NT	NT		
44.王锦蛇 *Elaphe carinata*	三有 省重点	VU	LC		
45.黑眉锦蛇 *Elaphe taeniura*	三有 省重点	VU	VU		
46.红纹滞卵蛇 *Oocatochus rufodorsatus*	三有	NT	LC		历史记录
两头蛇科 Calamariidae					
47.钝尾两头蛇 *Calamaria septentrionalis*	三有	LC	LC		
水游蛇科 Natricidae					
48.草腹链蛇 *Amphiesma stolatum*	三有	LC	LC		
49.锈链腹链蛇 *Hebius craspedogaster*	三有	LC	LC		
50.颈棱蛇 *Pseudoagkistrodon rudis*	三有	LC	LC		
51.虎斑颈槽蛇 *Rhabdophis tigrinus*	三有	LC	LC		
52.黄斑渔游蛇 *Fowlea flavipunctatus*	三有	LC	LC		历史记录
53.山溪后棱蛇 *Opisthotropis latouchii*	三有	LC	LC		

（续表）

物种	保护等级	CRLB	IUCN	CITES	备注
54.赤链华游蛇 *Trimerodytes annularis*	三有	VU	LC		
55.乌华游蛇 *Trimerodytes percarinatus*	三有	NT	LC		
斜鳞蛇科 **Pseudoxenodontidae**					
56.福建颈斑蛇 *Plagiopholis styani*	三有	LC	LC		
57.纹尾斜鳞蛇 *Pseudoxenodon stejnegeri*	三有	LC	LC		
剑蛇科 **Sibynophiidae**					
58.黑头剑蛇 *Sibynophis chinensis*	三有	LC	LC		

附录 4 两栖纲 AMPHIBIA（35 种，分属 2 目 9 科 21 属）

物种	保护等级	CRLB	IUCN	CITES	备注
有尾目 Caudata					
小鲵科 Hynobiidae					
1.安吉小鲵 *Hynobius amjiensis*	国家一级	CR	EN	III	
2.义乌小鲵 *Hynobius yiwuensis*	国家二级	VU	LC		历史记录
蝾螈科 Salamandridae					
3.秉志肥螈 *Pachytriton granulosus*		DD	LC		
4.中国瘰螈 *Paramesotriton chinensis*	国家二级	NT	LC	II	历史记录
5.东方蝾螈 *Cynops orientalis*		NT	LC		
无尾目 Anura					
角蟾科 Megophryidae					
6.淡肩角蟾 *Boulenophrys boettgeri*	三有	LC	LC		
7.挂墩角蟾 *Boulenophrys kuatunensis*	三有	LC	LC		历史记录
蟾蜍科 Bufonidae					
8.中华蟾蜍 *Bufo gargarizans*	三有	LC	LC		
雨蛙科 Hylidae					
9.中国雨蛙 *Hyla chinensis*		LC	LC		
10.三港雨蛙 *Hyla sanchiangensis*		LC	LC		历史记录
11.无斑雨蛙 *Hyla immaculata*		LC	LC		历史记录
蛙科 Ranidae					
12.镇海林蛙 *Rana zhenhaiensis*		LC	LC		
13.华南湍蛙 *Amolops ricketti*		LC	LC		
14.武夷湍蛙 *Amolops wuyiensis*		LC	LC		
15.孟闻琴蛙 *Nidirana mangveni*		LC	NE		
16.天台粗皮蛙 *Glandirana tientaiensis*		NT	LC		
17.沼水蛙 *Hylarana guentheri*		LC	LC		历史记录
18.阔褶水蛙 *Hylarana latouchii*		LC	LC		
19.小竹叶蛙 *Odorrana exiliversabilis*		NT	LC		
20.大绿臭蛙 *Odorrana graminea*		LC	LC		
21.天目臭蛙 *Odorrana tianmuii*		LC	LC		
22.凹耳臭蛙 *Odorrana tormota*		VU	LC		
23.金线侧褶蛙 *Pelophylax plancyi*		NT	LC		
24.黑斑侧褶蛙 *Pelophylax nigromaculatus*		NT	NT		
叉舌蛙科 Dicroglossidae					
25.虎纹蛙 *Hoplobatrachus chinensis*	国家二级	EN	LC		历史记录
26.泽陆蛙 *Fejervarya multistriata*		LC	DD		
27.小棘蛙 *Quasipaa exilispinosa*		VU	LC		新记录
28.九龙棘蛙 *Quasipaa jiulongensis*		VU	VU		历史记录
29.棘胸蛙 *Quasipaa spinosa*		VU	VU		

（续表）

物种	保护等级	CRLB	IUCN	CITES	备注
树蛙科 **Rhacophoridae**					
30.布氏泛树蛙 *Polypedates braueri*	三有	LC	LC		
31.斑腿泛树蛙 *Polypedates megacephalus*	三有	LC	LC		历史记录
32.大树蛙 *Zhangixalus dennysi*	三有 省重点	LC	LC		
姬蛙科 **Microhylidae**					
33.饰纹姬蛙 *Microhyla fissipes*		LC	LC		
34.小弧斑姬蛙 *Microhyla heymonsi*		LC	LC		
35.花姬蛙 *Microhyla pulchra*		LC	LC		历史记录

附录 5 鱼纲 PISCES（104 种，分属 8 目 20 科 63 属）

物种	保护等级	CRLB	IUCN	CITES	备注
鳗鲡目 ANGUILLIFORMES					
鳗鲡科 Anguillidae					
1.日本鳗鲡 *Anguilla japonica*		EN	EN		历史记录
颌针鱼目 BELONIFORMES					
大颌鳉科 Adrianichthyidae					
2.中华青鳉 *Oryzias sinensis*					
鱵科 Hemiramphidae					
3. 间下鱵 *Hyporhamphus intermedius*					
鲱形目 CYPRINIFORMES					
鳀科 Engraulidae					
4.刀鲚 *Coilia nasus*			EN		
鲤形目 CYPRINIFORMES					
鲤科 Cyprinidae					
5.中华细鲫 *Aphyocypris chinensis*					
6.马口鱼 *Opsariichthys bidens*					
7.长鳍马口鱼 *Opsariichthys evolans*					
8.虹彩马口鱼 *Opsariichthys iridescens*					新物种
9.刺颊鱲 *Zacco acanthogenys*					
10.苕溪鱲 *Zacco tiaoxiensis*					新记录
11.黑线鳘 *Atrilinea roulei*		VU			历史记录
12.草鱼 *Ctenopharyngodon idella*					
13.青鱼 *Mylopharyngodon piceus*					
14.尖头鱲 *Rhynchocypris oxycephalus*					
15.赤眼鳟 *Squaliobarbus curriculus*					
16.红鳍鲌 *Culter alburnus*					
17.青稍原鲌 *Chanodichthys dabryi*					
18.蒙古原鲌 *Chanodichthys mongolicus*					
19.翘嘴原鲌 *Chanodichthys erythropterus*					
20.贝氏鳘 *Hemiculter bleekeri*					
21. 鳘 *Hemiculter leucisculus*					
22.似鳊 *Toxabramis swinhonis*					
23.大眼华鳊 *Sinibrama macrops*					
24.鳊 *Parabramis pekinensis*					
25.鲂 *Megalobrama mantschuricus*					
26.似鳊 *Pseudobrama simoni*					
27.圆吻鲴 *Distoechodon tumirostris*					
28.黄尾鲴 *Xenocypris davidi*					
29.银鲴 *Xenocypris macrolepis*					历史记录
30.细鳞斜颌鲴 *Plagiognathops microlepis*					

（续表）

物种	保护等级	CRLB	IUCN	CITES	备注
31.鳙 *Hypophthalmichthys nobilis*					
32.鲢 *Hypophthalmichthys molitrix*					
33.短须鱊 *Acheilognathus barbatulus*					
34.兴凯鱊 *Acheilognathus chankaensis*					
35.大鳍鱊 *Acheilognathus macropterus*					
36.无须鱊 *Acheilognathus gracilis*					
37.彩副鱊 *Acheilognathus imberbis*					
38.斜方鱊 *Acheilognathus rhombeus*					新记录
39.齐氏副田中鳑鲏 *Paratanakia chii*					
40.方氏鳑鲏 *Rhodeus fangi*					
41.高体鳑鲏 *Rhodeus ocellatus*					
42.中华鳑鲏 *Rhodeus sinensis*					
43.棒花鱼 *Abbottina rivularis*					
44.似鮈 *Belligobio nummifer*					历史记录
45.细纹颌须鮈 *Gnathopogon taeniellus*					
46.花䱻 *Hemibarbus maculatus*					
47.唇䱻 *Hemibarbus labeo*					
48.长吻䱻 *Hemibarbus longirostris*					
49.张氏小鳔鮈 *Microphysogobio zhangi*					新记录
50.建德小鳔鮈 *Microphysogobio tafangensis*					
51.胡鮈 *Huigobio chenhsienensis*					
52.麦穗鱼 *Pseudorasbora parva*					
53.黑鳍鳈 *Sarcocheilichthys nigripinnis*					
54.小鳈 *Sarcocheilichthys parvus*					
55.华鳈 *Sarcocheilichthys sinensis*					
56.银鮈 *Squalidus argentatus*					
57.点纹银鮈 *Squalidus wolterstorffi*					
58.似鮈 *Pseudogobio vaillanti*					
59.董氏鳅鲀 *Gobiobotia tungi*					历史记录
60.鲫 *Carassius carassius*					
61.鲤 *Cyprinus rubrofuscus*					
62.光唇鱼 *Acrossocheilus fasciatus*					
63.刺鲃 *Spinibarbus caldwelli*					
64.台湾白甲鱼 *Onychostoma barbatulum*					
花鳅科 **Cobitidae**					
65.短鳍花鳅 *Cobitis brevipinna*					
66.须斑花鳅 *Cobitis fimbriata*					历史记录
67.浙江花鳅 *Cobitis zhejiangensis*					
68.泥鳅 *Misgurnus anguillicaudatus*					
69.大鳞副泥鳅 *Paramisgurnus dabryanus*					
沙鳅科 **Cobitidae**					

（续表）

物种	保护等级	CRLB	IUCN	CITES	备注
70.张氏薄鳅 *Leptobotia tchangi*					
71.圆尾薄鳅 *Leptobotia rotundilobus*					新记录
腹吸鳅科 **Gastromyzontidae**					
72.原缨口鳅 *Vanmanenia stenosoma*					
银汉鱼目 **OSMERIFORMES**					
银鱼科 **Salangidae**					
73.陈氏新银鱼 *Neosalanx tangkahkeii*					
鲈形目 **PERCIFORMES**					
鳜科 **Sinipercidae**					
74.刘氏少鳞鳜 *Coreoperca liui*					历史记录
75.翘嘴鳜 *Siniperca chuatsi*					
76.大眼鳜 *Siniperca knerii*					历史记录
77.斑鳜 *Siniperca scherzeri*					
78.波纹鳜 *Siniperca undulata*					历史记录
沙塘鳢科 **Odontobutidae**					
79.小黄黝鱼 *Micropercops swinhonis*					
80.河川沙塘鳢 *Odontobutis potamophila*					
虾虎鱼科 **Gobiidae**					
81.子陵吻虾虎鱼 *Rhinogobius giurinus*					
82.雀斑吻虾虎鱼 *Rhinogobius lentiginis*					
83.波氏吻虾虎鱼 *Rhinogobius cliffordpopei*					
84.密点吻虾虎鱼 *Rhinogobius multimaculatus*					
85.黑体吻虾虎鱼 *Rhinogobius niger*					
86.无斑吻虾虎鱼 *Rhinogobius immaculatus*					新记录
87.戴氏吻虾虎鱼 *Rhinogobius davidi*					
88.武义吻虾虎鱼 *Rhinogobius wuyiensis*					
斗鱼科 **Osphronemidae**					
89.圆尾斗鱼 *Macropodus chinensis*					
鳢科 **Channidae**					
90.乌鳢 *Channa argus*					
91.月鳢 *Channa asiatica*					历史记录
鲇形目 **SILURIFORMES**					
钝头鮠科 **Amblycipitidae**					
92.鳗尾鮧 *Liobagrus anguillicauda*					
鲿科 **Bagridae**					
93.圆尾拟鲿 *Tachysurus tenuis*					历史记录
94.黄颡鱼 *Tachysurus sinensis*					
95.瓦氏拟鲿 *Tachysurus vachelli*					
96.光泽拟鲿 *Tachysurus nitidus*					
97.盎堂拟鲿 *Tachysurus ondon*					
98.白边拟鲿 *Tachysurus albomarginatus*					

（续表）

物种	保护等级	CRLB	IUCN	CITES	备注
99.大鳍半鮡 *Hemibagrus macropterus*					
鲇科 **Siluridae**					
100.鲇 *Silurus asotus*					
101.大口鲇 *Silurus meridionalis*					历史记录
鮡科 **Sisoridae**					
102.福建纹胸鮡 *lyptothorax fokiensis*					历史记录
合鳃鱼目 **SYNBRANCHIFORMES**					
刺鳅科 **Mastacembelidae**					
103.中华刺鳅 *Sinobdella sinensis*					
合鳃鱼科 **Synbranchidae**					
104.黄鳝 *Monopterus albus*					